KB219774

히포크라테스가
들려주는 작도 이야기

NEW 수학자가 들려주는 수학 이야기 24

히포크라테스가 들려주는 작도 이야기

2판 1쇄 인쇄일 | 2025년 5월 21일
2판 1쇄 발행일 | 2025년 6월 4일

지은이 | 정수진
펴낸이 | 정은영
펴낸곳 | (주)자음과모음

출판등록 | 2001년 11월 28일 제2001-000259호
주소 | 10881 경기도 파주시 회동길 325-20
전화 | 편집부 (02)324-2347, 경영지원부 (02)325-6047
팩스 | 편집부 (02)324-2348, 경영지원부 (02)2648-1311
e-mail | jamoteen@jamobook.com

ISBN 978-89-544-5220-5 44410
978-89-544-5196-3 (세트)

• 잘못된 책은 교환해 드립니다.

정수진 지음

NEW
수학자가 들려주는
수학 이야기
24

히포크라테스가 들려주는 작도 이야기

(주)자음과모음

추천사

수학자라는 거인의 어깨 위에서 보다 멀리, 보다 넓게 바라보는 수학의 세계!

수학 교과서는 대개 '결과'로서의 수학을 연역적으로 제시하는 경향이 강하기 때문에 학생들은 수학이 끊임없이 진화해 왔다고 생각하기 어렵습니다. 그렇지만 수학의 역사는 하나의 문제가 등장하고 그에 대해 많은 수학자가 고심하고 이를 해결하는 가운데 새로운 아이디어가 출현해 온 역동적인 과정입니다.

〈NEW 수학자가 들려주는 수학 이야기〉는 수학 주제들의 발생 과정을 수학자들의 목소리를 통해 친근하게 이야기 형식으로 들려주기 때문에 학생들이 수학을 '과거 완료형'이 아닌 '현재 진행형'으로 인식하는 데 도움이 될 것입니다.

학생들이 수학을 어려워하는 요인 중의 하나는 '추상성'이 강한 수학적 사고의 특성과 '구체성'을 선호하는 학생의 사고 사이에 존재하는 간극이며, 이런 간극을 줄이기 위해서 수학의 추상성을 희석시키고 수학 개념과 원리의 설명에 구체성을 부여하는 것이 필요합니다.

〈NEW 수학자가 들려주는 수학 이야기〉는 수학 교과서의 내용을 생동감 있게 재구성함으로써 추상적인 수학을 구체성을 갖는 수학으로 변모시키고 있습니다. 또한 중간중간에 곁들여진 수학자들의 에피소드는 자칫 무료해지기 쉬운 수학 공부에 윤활유 역할을 해 줄 것입니다.

〈NEW 수학자가 들려주는 수학 이야기〉의 구성을 보면 우선 수학자의 업적을 개략적으로 소개하고, 6~9개의 강의를 통해 수학 내적 세계와 외적 세계, 교실 안과 밖을 넘나들며 수학 개념과 원리를 소개한 후 마지막으로 강의에서 다룬 내용을 정리합니다.

이런 책의 흐름을 따라 읽다 보면 각각의 도서가 다루고 있는 주제에 대한 전체적이고 통합적인 이해가 가능하도록 구성되어 있습니다. 〈NEW 수학자가 들려주는 수학 이야기〉는 학교 수학 교과 과정과 긴밀하게 맞물려 있으며, 전체 시리즈를 통해 학교 수학의 많은 내용들을 다룹니다. 따라서 〈NEW 수학자가 들려주는 수학 이야기〉를 학교 수학 공부와 병행하면서 읽는다면 교과서 내용의 소화 흡수를 도울 수 있는 효소 역할을 할 것입니다.

뉴턴이 'On the shoulders of giants'라는 표현을 썼던 것처럼, 수학자라는 거인의 어깨 위에서는 보다 멀리, 넓게 바라볼 수 있습니다. 학생들이 〈NEW 수학자가 들려주는 수학 이야기〉를 읽으면서 각 수학자의 어깨 위에서 보다 수월하게 수학의 세계를 내다보는 기회를 갖기를 바랍니다.

홍익대학교 수학교육과 교수 | 《수학 콘서트》 저자 박경미

책머리에

세상의 진리를 수학으로 꿰뚫어 보는 맛 그 맛을 경험시켜 주는 '작도' 이야기

처음 원고를 시작할 때는 무더위가 찾아오기 전 교정 나무들이 초록빛을 가득 담고 있을 때였는데, 원고를 모두 집필하고 마지막 머리글을 쓰는 지금은 떨어지지 않는 감기 때문에 꿀물을 책상 머리맡에 상비해 두고 있는 한겨울이다.

원고 의뢰를 맡았을 때에는 머릿속에 책으로 담아내고 싶은 말이 한가득이었다. 하지만 좋은 글을 위해서는 많은 소재와 사전 지식이 필요했다. 무엇을 어떻게 찾아낼 것인가가 먼저였다. 우선 히포크라테스에 대한 인물 탐구, 그 후엔 히포크라테스와 작도의 연관성에 대해 찾아보고 작도의 역사에 대해 여러 방면으로 조사하였다.

중학교 1학년 과정에서 처음 접하게 되는 작도에 '왜?'라는 물음표를 붙여 보고 거기에 대한 답을 책을 읽는 학생들과 같이 찾아보기를 바랐다. 작도라는 걸 왜 시작하게 되었을까? 작도는 왜 눈금 없는 자와 컴퍼스만 필요했던 걸까? 왜 어떤 것들을 작도가 불가능할까? 왜 선생님의 설명을 따라가다 보면 주어진 조건의 도형을 작도할 수 있게 되는 거지? 중학교 1학년 교육 과정에서는 상세하게 배우지 않는 그러나 그 과정을 거쳤다면 누구나 가졌을 법한 의문점에 대해서 명쾌하고도 시원한 답을 주기 위해 필자는 많이 고민하면서 글을 써

내려갔다. 하지만 '왜?'라는 질문에 명쾌한 설명을 하기 위해서는 고등학교 혹은 대학 과정을 수학 내용이 필요한 경우도 있었다. 간혹 초등학생, 중학생 들이 읽기에 다소 난해한 설명이 들어 있기도 한데 이러한 설명이 머리 아프고 지루하다면 가볍게 넘겨도 좋다. 설명하는 바가 무엇인지 명쾌하게 알기 바라는 학생은 주변의 선생님들께 여쭈어보아도 좋다. 아니면 여러분이 고등학생, 대학생이 되었을 때 다시 읽어 보기를 바란다. 그러면 과거에는 어렵게 느껴졌던 설명이 한순간에 정리되기도 할 것이다.

수업에서 설명하고 싶었으나 정해진 수업 시간 때문에 아이들에게 전달하지 못했던 많은 이야기를 풀어내고 싶었다. 단지 수와 논리가 열거된 수학이 아니라 많은 사람의 노력과 또 학문의 탄생 배경, 그 분야의 발전이 가지는 시대적 중요성이나 시대적 배경을 적절하게 잘 버무려 인간 냄새 나는 수학을 학생들에게 말하고 싶었다. 필자의 의도가 잘 전달되었는지 사실은 조금 염려되고 아쉬움이 남기도 한다. 아무쪼록 학생들이 이 책을 통해 수학의 일부분을 돋보기로 자세히 들여다봤다는 느낌을 가지고 수학의 재미와 아름다움에 한 발 다가설 수 있기를 바란다.

정수진

차례

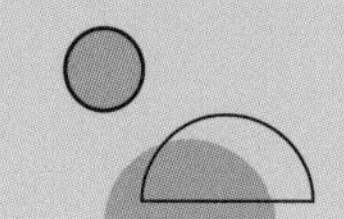

1 이 책은 달라요

《히포크라테스가 들려주는 작도 이야기》는 중학생이 되면서 처음으로 접하게 되는 조금은 생소한 작도에 관해 여러 가지 이야기를 들려주는 책입니다. 히포크라테스 선생님과 시공을 초월한 시간 여행을 즐기면서 작도에 관한 뜻, 유래, 삼각형의 작도, 작도 불능 문제, 면적 변환 문제 등을 접하게 됩니다.

2 이런 점이 좋아요

① 이 책은 히포크라테스 선생님과 그의 제자 냥냥 군이 함께하는 시간 여행을 통해 작도를 흥미롭게 접근합니다. 간단한 도형의 작도를 통해 보물을 찾아내고, 삼각형의 작도를 통해 스핑크스의 동굴에서 탈출하기도 하며, 유명한 명화가 탄생하는 현장에 찾아가기도 합니다. 히포크라테스 선생님의 강의가 이야기 형식으로 되어 있기 때문에 지루하지 않고 공부라면 질색인 학생들도 작도에 흥미를 가지고 읽을 수 있습니다.

② 중학교 과정에서 작도의 정의에서부터 시작되는 딱딱한 도입과 건조한 내용 정리를 넘어서서 여러 읽을거리를 덧붙여서 작도에 대해 풍부한 배경지식과 심화 문제를 접할 기회를 갖게 됩니다.

③ 작도에 대해서 체계적이고 구체적으로 공부할 수 있습니다. 작도의 뜻, 작도의 배경, 여러 작도 문제를 순차적으로 공부하고 작도 영역과 겹쳐지는 다른 분야에 대해서도 흥미가 생깁니다.

3 교과 연계표

학년	단원(영역)	관련된 수업 주제 (관련된 교과 내용 또는 소단원명)
중 1 비교과	도형과 측정	기본 작도, 삼각형의 작도, 원과 부채꼴

4 수업 소개

1교시 작도의 개념과 간단한 도형 작도

작도의 뜻을 이해하고 기본적인 도형의 작도법에 대해 공부합니다.

- **선행 학습** : 기본적인 도형의 이해 점, 선, 각
- **학습 방법** : 작도의 개념을 이해하고 직접 컴퍼스와 자를 이용하여 교재에 나와 있는 기본 도형의 작도법을 따라 해 봅니다.

2교시 삼각형의 작도

삼각형의 결정조건을 이해하고 주어진 조건으로 삼각형을 작도하는 방법에 대해 공부합니다.

- **선행 학습** : 삼각형의 성질, 삼각형의 합동, 작도의 뜻
- **학습 방법** : 우선 삼각형이 되기 위한 세 변 길이의 조건을 이해한 후, 하나의 삼각형이 결정되기 위해서는 어떤 조건이 필요한지 각각의 조건으로 그려 보거나 오려서 맞춰 봅니다. 이런 활동을 통해 경험적으로 삼각형의 결정조건을 학습하고 그 이후에 주어진 조건으로 직접 눈금 없는 자와 컴퍼스를 가지고 삼각형을 작도해 봅니다.

3교시 작도의 정의

작도에 쓰이는 도구가 눈금 없는 자와 컴퍼스인 이유에 대해 알아봅니다.

• 선행 학습 : 작도의 뜻

• 학습 방법 : 작도 영역이 생겨난 그리스 시대의 사회적, 문화적 배경을 이해하고 작도의 도구를 눈금 없는 자와 컴퍼스만으로 제한한 이유를 시대적 배경과 연관 지어 공부합니다.

4교시 황금사각형, 은직사각형, 정다각형 작도

특수한 도형의 작도법에 대해 학습합니다.

• 선행 학습 : 사각형의 성질, 정다각형의 뜻, 비례식

• 학습 방법 : 황금사각형과 은직사각형의 뜻을 공부하고 자연현상이나 신체, 실생활에서 사용되는 황금사각형과 은직사각형의 예를 찾아보고 작도법에 대해서 공부합니다. 또한 작도 가능한 정다각형들을 찾아보고 각각의 정다각형의 작도법을 공부합니다.

5교시 3대 작도 불능 문제

작도 가능하지 않은 대표적인 3대 문제에 대해 학습합니다.

• 선행 학습 : 각, 원의 넓이, 정사각형의 넓이, 정육면체의 부피

• 학습 방법 : 역사를 통해 3대 작도 불능 문제의 탄생 배경을 살펴보고, 이 3대 문제들이 왜 작도가 불가능한지 학습합니다.

6교시 **면적의 변환**

다각형 모양의 넓이를 같은 넓이의 삼각형으로 변환시키는 방법에 대해 학습해 보고 다각형 모양을 넓이가 같은 원으로 변환시킬 수는 없는지 함께 고민해 봅니다.

- **선행 학습** : 평면도형의 넓이, 원의 넓이
- **학습 방법** : 측량이 발달하지 않았던 시대에서의 면적 변환의 의미를 되새겨 보고 여러 가지 다각형 모양을 삼각형으로, 다시 삼각형을 가장 측량하기 쉬운 정사각형으로 변환시키는 방법에 대해 학습합니다.

7교시 **히포크라테스의 초승달**

히포크라테스의 초승달 문제가 무엇인지를 살펴보고 풀이법에 대해서 학습합니다.

- **선행 학습** : 평면도형의 넓이, 원의 넓이
- **학습 방법** : 원을 정사각형으로 면적 변환하기 위한 히포크라테스의 노력을 알아보고, 다각형을 초승달 모양으로 면적 변환 하는 방법에 대해 학습합니다.

히포크라테스를 소개합니다

Hippocrates(B.C.470?~B.C.421?)

나는 유클리드의 《기하학 원론》보다 100년 앞서서 기하학의 기본 원리를 집대성하여 《기하학 원리》를 저술하였습니다.

'히포크라테스의 초승달'은 나의 가장 뛰어난 수학적 업적이라 할 수 있습니다.

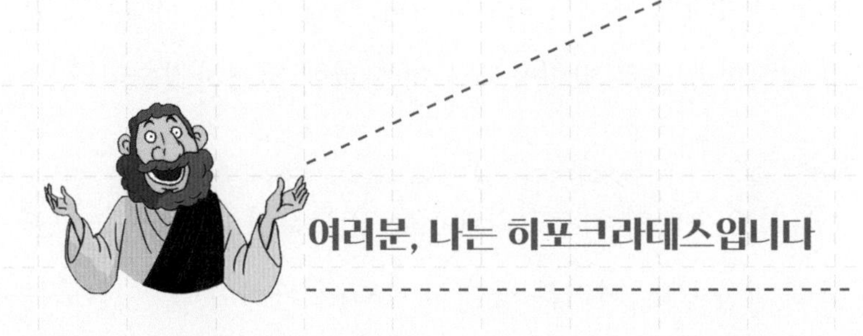

여러분, 나는 히포크라테스입니다

여러분, 안녕하세요. 나는 여러분과 함께 작도에 관해서 공부하게 될 그리스의 시대 수학자 히포크라테스입니다. 히포크라테스? 어디서 많이 들어 본 이름이죠? 히포크라테스 선서로 유명한 의사 선생님이 아니냐고요? 이름은 같지만 아닙니다. 나랑 이름이 같은 히포크라테스 선생님은 그리스 좀 더 아래쪽 섬인 코스섬에서 태어났고, 나는 키오스섬에서 태어났답니다. 그래서 키오스의 히포크라테스로 불립니다. 어릴 때부터 수학에 관심이 많았지만 처음부터 수학자가 되려고 했던 것은 아닙니다. 처음에는 상인이 되어 정든 고향 키오스섬을 떠나 아테네로 향했습니다. 세계에서 제일가는 장사꾼이 되겠다는 큰 꿈을

안고 말이죠. 하지만 장사가 그렇게 말처럼 쉽지는 않더군요. 비잔틴에서 사기에 휘말려 재산을 모두 탕진하게 되었고, 엎친 데 덮친 격으로 배에서 그나마 가지고 있던 경비와 옷가지도 모두 해적에게 빼앗겨 버렸답니다. 이를 계기로 거상의 꿈은 접고 기하학 연구로 방향을 바꾸어 수학에 전념하였습니다.

아직도 수학자 히포크라테스를 잘 모른다고요? 무슨 그런 섭섭한 말씀을요. 여러분 중에서 수학에 관심이 많은 친구는 유클리드라는 이름은 들어 본 적이 있을 겁니다. 기하학을 집대성한 책《기하학 원론》의 저자로도 유명합니다. 현재까지도 기하학의 교과서라고 불리고 있는 이 책은 내가 저술한《기하학 원리》가 나온 지 약 100년 후에 만들어졌습니다. 내가 100년이나 앞서 기하학의 기본 원리를 집대성한 책을 펴냈으나 안타깝게도 현재까지 전해지지는 않습니다. 현존하는 나의 책이 없기 때문에 사람들의 머릿속에서 서서히 잊혔는지도 모르죠.

하지만 나의 수학적 업적이 없어진 책들과 함께 모두 묻힌 것은 아니랍니다. 나의《기하학 원리》에 주석을 단 옛 연구자들의 문헌을 통해 나의 수학적 업적은 간간히 소개되고 있습니다. 그중 대표적인 것이 바로 내 이름이 붙은 '히포크라테스의 초승달'입니다. 이는 곡선 모양의 면적을 어떻게 하면 넓이가 같은 정사각형으로 변환할 수 있을까에 대한 해법을 소개한 영역입니다. 나중에 나의 수업을 찬찬히 따라오다 보면 초승달 문제를 다시 만날 수 있을 겁니다.

나는 여러분과 작도에 관해 수업할 예정입니다. 고대 그리스 사람들은 작도에 아주 관심이 많았답니다. 작도란 가장 기본 도구인 눈금 없는 자와 컴퍼스만을 이용해서 어떤 조건에 맞는 도형을 그리는 것을 말합니다. 작도는 실생활에서 필요했을 뿐만 아니라 그리스인들이 지적 세계를 탐구하는 도구로써 중요한 비중을 차지했습니다. 여러분은 중학교 1학년 때 작도를 공부하게 될 것입니다. 미리 보는 작도의 세상, 아마 지금까지 배운 수학의 세상과는 또 다른 묘미를 맛볼 수 있을 겁니다. 여러분과 함께할 작도 수업, 벌써부터 기대가 되는군요. 잠시 후 1교시에 만나요.

선서!
나는 의업에 종사할 허락을 받으매
나의 생애를 인류 봉사에 바칠 것을
엄숙히 선언하노라!

나의 환자의 건강과
생명을 첫째로
생각하겠노라!
헉헉!
늦어서 죄송합니다.

앗!
선생님이
두 분이다.

나는
히포크라테스입니다.
나도
히포크라테스입니다.

어떤 분이 진짜
히포크라테스
선생님이시지?

나는 의사
히포크라테스입니다.
나는 수학자
히포크라테스입니다.

선생님! 이곳은 수학을
공부하는 반이에요.
앗! 옆반과
착각을 했군요.

오늘도 의사 히포크라테스
선생님과 착각이 있었군요.
이름만 같을 뿐
다른 사람이랍니다.

나는 여러분과 함께 작도에 관해서
공부하게 될 그리스 시대의
수학자 히포크라테스입니다.

나는 어릴 때부터 수학에 관심이
많았지만 처음에는 세계 최고의
상인이 되는 것이 꿈이었답니다.

비잔틴
사기에 휘말려 가진 재산을
모두 날리고 말았어.

으악! 해적이다!

나는 그제서야 기하학
연구로 방향을 바꾸어
수학에 전념하였습니다.

여러분, 《기하학 원론》으로
유명한 수학자 유클리드 알죠?
네!

나는 유클리드의
《기하학 원론》보다 100년이나
앞서서 《기하학 원리》란
책을 썼답니다.
하지만 안타깝게도
현재 전해지지는
않습니다.

하지만 나의 수학적 업적이 모두 사라진
건 아니랍니다. 《기하학 원리》에 주석을 단
옛 연구자들의 문헌을 통해 나의 수학적
업적이 전해지고 있지요.
오, 이런 책도
있었구나.

그중 대표적인 것이
바로 내 이름이 붙은
'히포크라테스의 초승달'
입니다.

나와 수업을 하면서
'히포크라테스의 초승달'에
대해 설명드릴게요.

자, 여러분! 눈금 없는
자와 컴퍼스를 들고
나를 따라오세요!

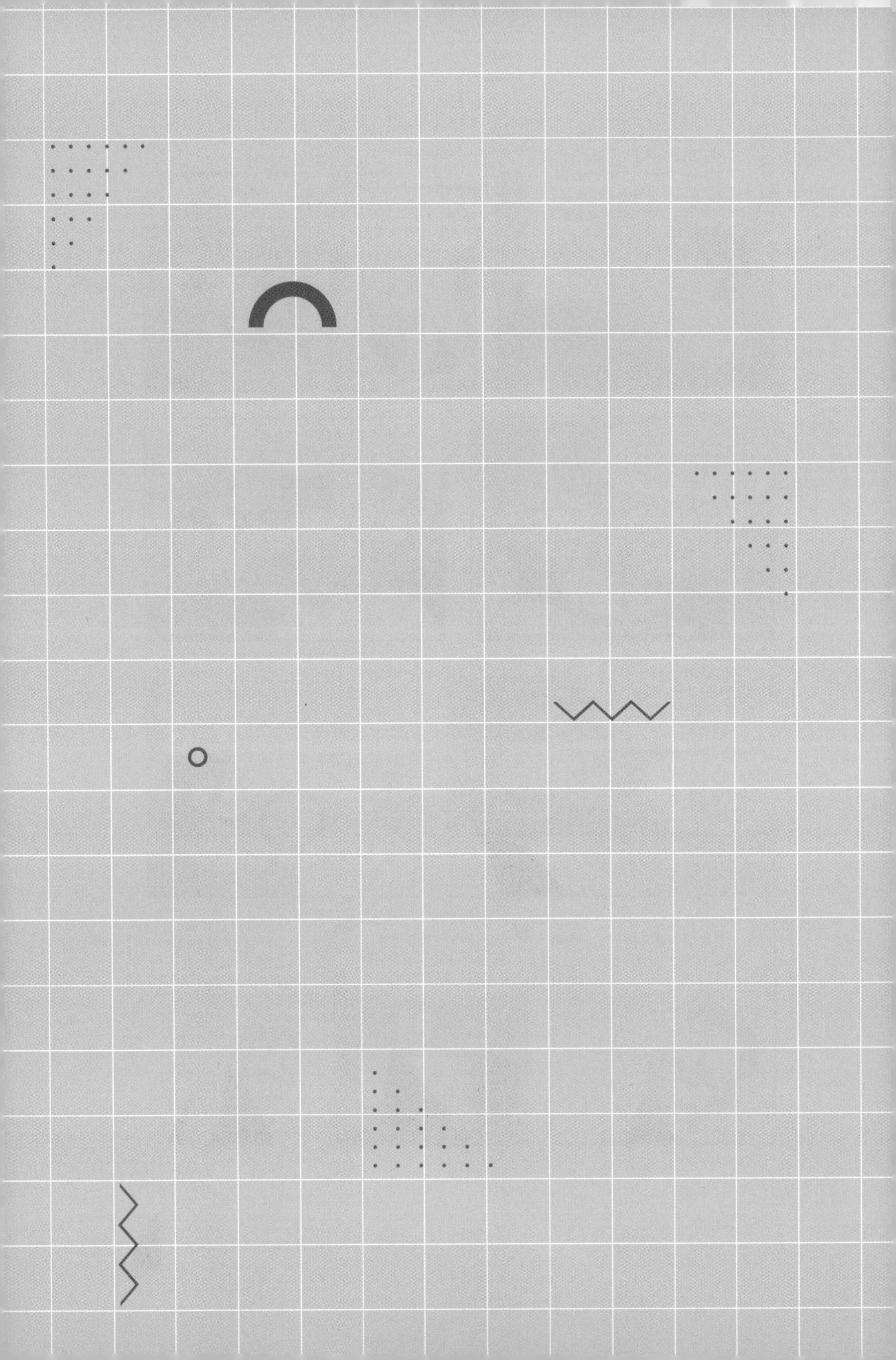

1교시

작도의 개념과 간단한 도형 작도

작도를 하기 위해서 어떤 도구들이 필요할까요?
작도의 뜻과 기본 작도를 배워 봅시다.

수업 목표

1. 작도의 뜻을 알게 됩니다.
2. 기본 작도법에 대해서 알게 됩니다.

미리 알면 좋아요

1. **컴퍼스** 원 또는 원호를 그릴 때 쓰는 도구.
컴퍼스를 이용해서 원을 그릴 수 있고, 일정한 길이의 선분을 옮길 수 있습니다. 그러나 길이를 재는 것과 같은 측정은 컴퍼스를 이용해서는 할 수 없습니다.

2. **눈금 없는 자** 물건의 길이를 재는 자의 눈금을 없앤 것.
자는 보통 물건의 길이를 잴 때 사용하는 것이지만, 이 자의 눈금을 없애서 길이를 측정할 수 없도록 합니다. 다만 눈금 없는 자는 선분의 연장하는 기능과 점과 점 사이를 잇는 역할만 할 수 있게 됩니다.

히포크라테스의 첫 번째 수업

안녕하세요. 여러분과 함께 첫 번째 작도 수업을 시작하겠습니다. 작도 수업은 나의 절친한 친구이자 제자인 냥냥 군과 함께한 신비한 여행 이야기로 수업을 진행할까 합니다. 먼저 냥냥 군과 나와의 만남을 설명해야겠군요. 냥냥 군과 나의 만남은 약 한 달 전쯤으로 거슬러 올라간답니다. 우선 냥냥 군과의 첫 만남 속으로 돌아가 볼까요?

나는 죽은 후에 줄곧 리모컨 안에 갇혀 있었습니다. 램프의 요정처럼 말이죠. 리모컨 안에서 누군가 전원 단추를 눌러주기만를 기다리고 있었습니다. 한참을 모래 더미 속에 파묻혀 있던 나의 리모컨을 마침 누군가가 주웠고 드디어 전원을 켰습니다. 처음 내가 등장했을 때 냥냥 군은 귀신을 본 듯 겁에 질려서 달달 떨고 있더군요.

"할아버지는 누구세요?"

나는 이 리모컨의 수호신 히포크라테스라고 합니다. 이 리모컨을 줍는 사람들을 원하는 시대로 안내해 주는 수호신이랍니다.

"와~ 정말요? 그럼 제가 원하는 시대 어디로든 데려다주실 수 있는 거예요?"

물론이지요. 냥냥 군은 어느 시대를 가고 싶은 건가요?

"제 이름은 어떻게 아셨어요?"

이 리모컨을 줍는 주인의 이름이 내 눈에는 보인답니다.

"그래요? 나는 해적이 많았던 시대로 가고 싶어요. 가서 보물도 찾고, 신나는 모험도 하고 말이에요."

그렇다면 17세기가 적당할 듯하군요. 리모컨에서 AC와 17을 눌러 보세요.

이렇게 해서 냥냥 군과 나의 첫 여행이 시작되었습니다.

우리가 처음 도착한 곳은 숲이 굉장히 우거진 밀림이었습니다. 멀리서는 대포 소리가 간간이 들리고 울창한 숲 사이로는 새와 원숭이들이 뛰어다녔죠.

"여기가 어디예요?"

콜럼버스가 최초로 발견한 대륙 바하마 제도입니다. 미국 동부 아래, 쿠바 옆에 위치하고 있으면서 냥냥 군이 살고 있는 시대에는 영국 영토죠. 17세기의 바하마는 콜럼버스가 발견한 지 100여 년이 넘은 때로 이곳 원주민과 유럽인들과의 싸움이 끊이질 않았습니다. 이 시기에는 바하마 지역이 해적의 소굴로 유명하답니다.

"와~ 그럼 해적의 보물 지도도 여기 있겠네요."

냥냥 군이 궁금해하는 보물 지도를 가지고 왔어요. 우리가 서 있는 곳에서 바라본 지도입니다.

나는 냥냥 군에게 낡은 지도 한 장을 건네주었습니다. 둘둘 말린 지도를 펼쳐 보니 지도에는 눈앞에 보이는 바위가 그려져 있었습니다.

"두 나무의 수직이등분선❶?"

마른땅을 밟고 지나가기 위해서는 이런 도구들이 필요할 것 같네요.

나는 자와 컴퍼스를 냥냥 군에게 건네주었죠.

메모장

❶ 수직이등분선 선분 AB의 중점을 지나고, 이 선분에 수직인 직선.

"선생님! 저를 도와주시려면 제대로 된 도구를 주셔야죠. 자는 눈금이 없고, 또 컴퍼스는 어디다 쓰게요? 수직을 만들기 위해서는 각도기가 필요하잖아요."

아, 내가 미처 말 못 했군요. 내가 살던 시대에는 눈금 있는 자와 각도기를 사용해서 도형을 그리는 것을 매우 천시했어요.

"왜요? 왜 그게 천시되는 행동이죠?"

허허, 그 이유는 다음에 기회가 되면 설명하기로 하죠. 우선 내가 준비한 도구들로 마른땅을 밟을 수 있는 길을 만들 수 있나요?

“모르겠어요. 도통 어떻게 해야 할지 감이 잡히지 않아요. 선생님, 저는 보물을 꼭 찾고 싶은데, 도와주세요.”

그러죠. 그럼 어디 한번 보자고요. 우선 두 나무 사이를 잇는 선분이 필요하겠네요. 지도를 줘 보세요. 이렇게 두 나무 사이를 이어 봅시다. 편의상 두 나무에 각각 A, B라는 이름을 붙일게요. 그러면 A, B 사이의 수직이등분선을 그어야 마른땅을 찾을 수 있겠군요.

“그런데 눈금 없는 자로 A, B를 이등분할 수 있나요? 컴퍼스는 어디에다 쓰나요?”

눈금 없는 자는 점과 점 사이를 연결하거나 선분을 연장할 때 쓰입니다. 그리고 컴퍼스는 원을 그리거나 선분을 옮기는 데 쓰이죠.

쏙쏙 이해하기

- 눈금 없는 자 : 두 점을 연결하는 선분을 그리거나 선분을 연장하는 데 사용한다.
- 컴퍼스 : 선분의 길이를 옮기거나 원을 그리는 데 사용한다.

메모장

❷ 호 원둘레의 두 점에 한하여 한정된 일부.

마른땅을 찾기 위해서는 우선 컴퍼스의 중심을 점 A에 놓은 후 $\overline{AB}$길이의 절반보다 조금 더 길게 반지름을 잡아 호❷를 그리고(①) 동일한 반지름으로 점 B를 중심으로 한 호도 그립니다(②). 그러면 두 호가 만나는 교점이 두 개 생기겠죠? 교점을 자로 이어 보세요(③). 그러면 마른땅이 보일 거예요.

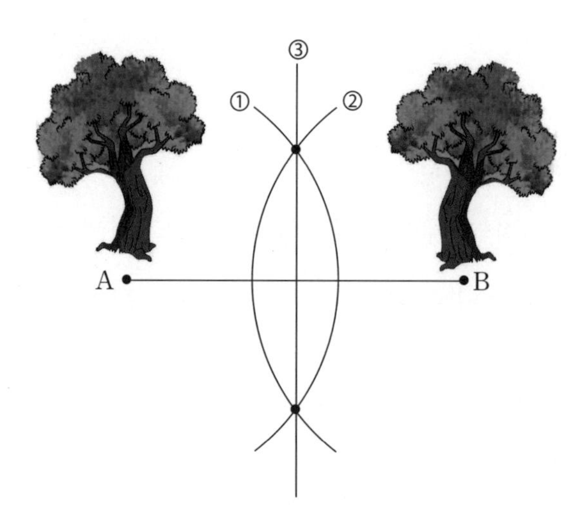

“우아, 신기하다. 선생님은 어떻게 이 방법을 찾으셨어요?”

나도 이것저것 많이 고민해 본 거죠. 자, 마른땅을 찾았으니 건너가야죠. 냥냥 군, 늪에 빠지지 않도록 조심조심 걸어오세요.

냥냥 군과 나는 늪 가운데 마른땅을 밟고 지나 바위 앞에 도착했습니다. 바위 정면에는 부등호 모양(∠)의 표시가 새겨져 있었고, 바위 틈새에 낡은 두루마리 양피지 조각이 보였죠. 냥냥 군의 마른 팔이 겨우 들어갈 정도의 작은 틈새였습니다. 냥냥 군은 손가락 끝이 닿을락 말락 한 틈새에 안간힘을 써 가며 손을 뻗었고 양피지 조각을 간신히 잡았습니다. 두루마리를 꺼내 들고 펼쳐 보았더니 그것은 또 다른 보물 지도였죠.

“참 나, 이건 또 뭐예요? 늪만 건너면 보물이 있는 거 아니었어요?”

그렇게 쉬운 장소에 보물을 숨겨 놓았다면 우리가 찾기 전에 벌써 다른 사람들이 보물을 챙겨 달아났겠죠. 그래도 보물에 가까이 갈 수 있는 또 다른 힌트니까 펼쳐 봅시다.

펼쳐 보았더니 다음과 같은 지도와 지시문이 적혀 있었습니다.

이번 문제는 냥냥 군 스스로 해결할 수 있을까요?

냥냥 군은 곰곰이 생각해 보았지만 뾰족한 해결 방법이 떠오르지 않는 모양이었습니다.

"바위에 새겨져 있는 각을 어떻게 바닥에 이동시켜요? 바위 표면을 뜯어낼 수도 없고……. 헤헤, 선생님 이번에도 좀 도와주세요. 우리가 가진 도구는 눈금 없는 자와 컴퍼스뿐인가요?"

네, 그렇습니다. 이번에도 그것들만 이용해서 두 번째 지도의 문제를 해결해 보려고 합니다. 같이 살펴볼까요?

우선 쉽게 설명하기 위해서 편의상 바위를 점 A, 우물을 점 B로 두겠습니다. 자로 점 A, B를 연결하여 긋고 바위에 표시된 각을 땅바닥에 옮기기 위해 바위에 표시된 각의 꼭짓점에 컴퍼스의 중심을 대고 임의의 호 하나를 그립니다(①). 컴퍼스를 고정시킨 채 이번에는 점 A에 컴퍼스의 중심을 대고 동일한 반지름의 호를 그립니다(②).

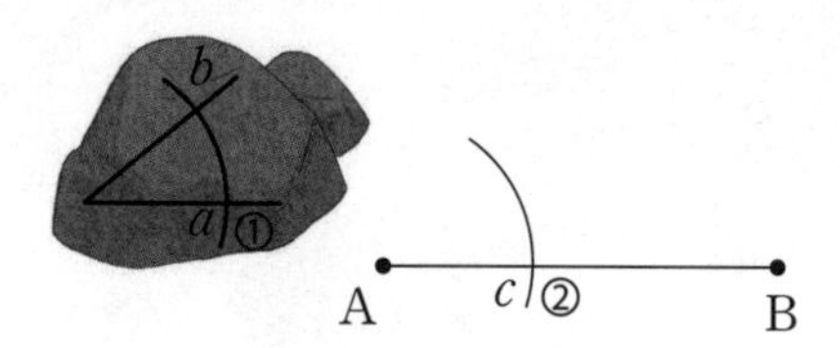

이때 바위의 각과 호가 만나는 점을 각각 a, b, $\overline{AB}$와 호가 만나는 점을 c라고 하겠습니다. 다시 컴퍼스의 중심을 a에 놓고 점 a와 점 b사이의 거리를 잽니다(③). 컴퍼스를 고정시킨 채 컴퍼스의 중심을 c에 놓고 컴퍼스로 호를 그립니다(④). 땅바닥에 그려진 두 호의 교점을 d라고 합시다.

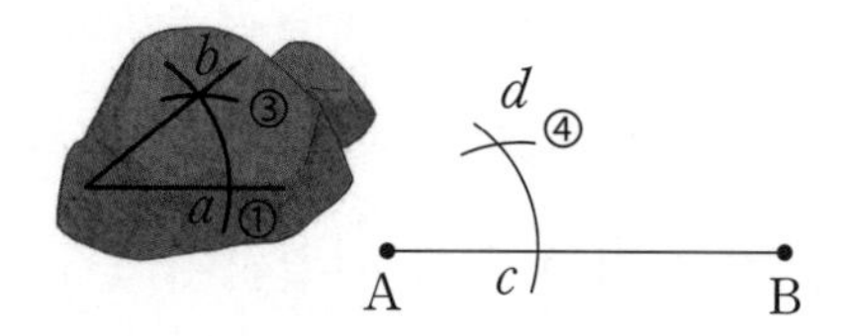

점 A와 점 d를 연결하면 제시된 각이 제대로 옮겨졌습니다.

이제 점 A를 출발하여 바위와 우물 거리의 3배만큼 가는 일이 남았군요. 먼저 컴퍼스로 $\overline{AB}$거리를 잽니다. 컴퍼스를 고정시킨 채 점 A에서 $\overrightarrow{Ad}$ 위를 세 번 이동시킵니다. 다음 그림과 같이 점 P가 결국 보물이 묻힌 장소가 되는 거지요.

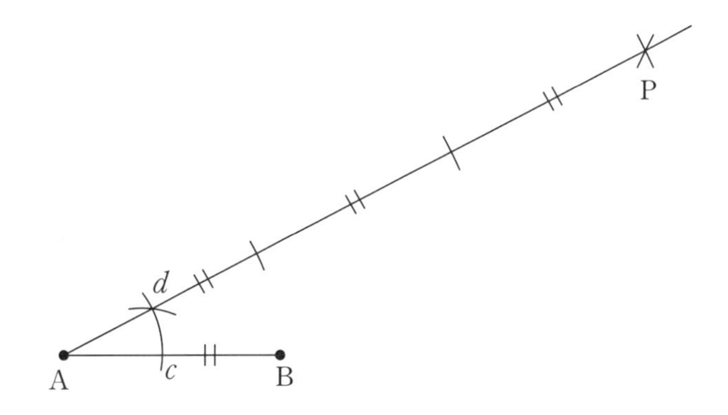

"우아, 선생님은 천재이신 거 같아요. 보물 찾는 걸 도와주셔서 감사합니다. 빨리 보물이 숨겨진 위치를 파 봐야겠어요"

냥냥 군은 열심히 보물이 묻힌 장소를 파 보았습니다. 한 50cm쯤 파 내려가다 보니 손끝에 궤짝 귀퉁이가 걸렸죠. 신이 난 냥냥 군은 열심히 땅을 파서 궤짝을 들어 올리더군요. 궤짝 주변에 묻은 흙을 툴툴 털어 내고 냥냥 군은 이 궤짝에 분명히 보물이 가득 들어 있을 거라고 생각하는지 궤짝을 힘있게 꼬옥 끌어안았습니다. 그러나 조심스럽게 궤짝 문을 연 순간 궤짝 안에는 또다시 낡은 지도 한 장이 들어 있었죠.

"또 낡은 지도? 도대체 보물은 어디 있는 거야? 쳇, 선생님 전 이제 그만할래요. 보물 찾는 게 왜 이렇게 복잡해?"

냥냥 군, 벌써 힘들어요? 보물이 금방 찾아지는 거면 남들이 벌써 다 파 가지 않았을까요? 이번 지도에는 어떤 지시문이 적혀 있나 살펴봅시다. 인내심을 가지고 문제를 차근차근 해결하다 보면 정말 근사한 보물을 발견할 수 있을 테니까요.

우리 눈앞에 펼쳐진 거대한 호수는 지도에서 살펴보니 피자 모양이었습니다. 둘은 피자 모양 호수의 꼭짓점 앞에 서 있었던 거죠.

"이번엔 호수 한가운데를 건너가야 해요. 갈수록 점점 더 어려워지네. 발을 잘못 디뎠다간 호수에 빠져 익사할 수도 있겠는데."

정확하게 호수 한가운데 길을 찾아야겠네요. 물론 이번에도 눈금 없는 자와 컴퍼스만을 가지고요. 우선 지도를 자세히 살펴봅시다. 호수 전체 모양은 X자 표시 부분이 꼭짓점인 각을 이루고 있습니다. 각의 한가운데 길은, 즉 각의 이등분선을 찾으라는 이야기와 일치하겠군요. 그럼 시작해 봅시다.

점 X에 컴퍼스의 중심을 놓고 임의의 반지름을 잡은 후 호를 그립니다(①). 이때 생긴 호와 각의 두 반직선의 교점을 각각 점 A, B라고 합시다.

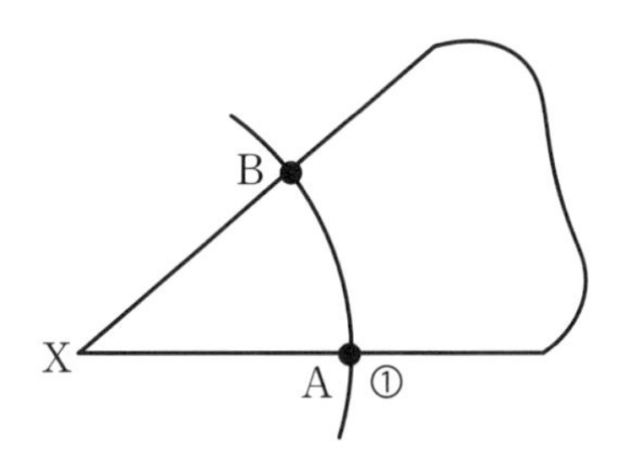

다음은 점 A에 컴퍼스의 중심을 두고 임의의 반지름을 가지는 호를 그립니다(②). 컴퍼스의 반지름을 고정시킨 채 점 B에 다시 컴퍼스의 중심을 두고 동일한 반지름의 호를 그립니다(③). 두 호의 교점을 점 C라고 합시다.

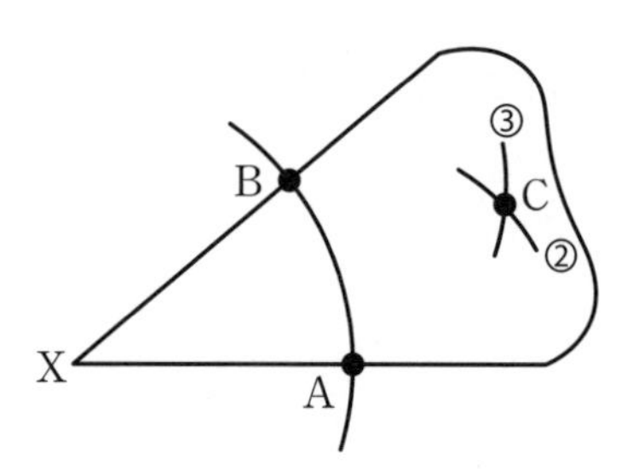

마지막으로 $\overrightarrow{XC}$를 그리고 호숫가와 만나는 교점을 점 P라고 하면 점 P의 위치에 보물이 숨겨져 있을 겁니다.

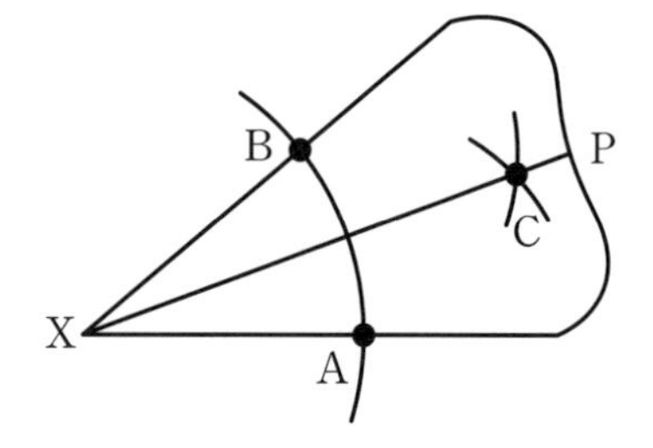

냥냥 군은 어쩜 이렇게 쉽게 해법을 찾아냈냐는 듯 놀라워했습니다. 흠, 수학 천재인 나에게는 뭐, 이쯤이야……. 그리고 우리는 찾아낸 길을 따라 조심조심 호수 안으로 들어갔습니다. 지도에 쓰인 것과 같이 호수 물이 무릎 아래에서 찰랑거렸습니다. 지도에서 밝혀낸 길을 따라 곧장 걸어서 무사히 호수를 건

넌 후 점 P의 위치를 파 보았죠. 이번에는 물기가 많이 섞인 진흙이라 쉽게 땅을 팔 수가 있었습니다. 어느 정도 파내려 가다 보니 갈색의 표면에 해골 표시가 선명한 독약병처럼 보이는 병이 나왔어요. 조심조심 병의 뚜껑을 열어보았더니 그 안에는 아무것도 없었습니다.

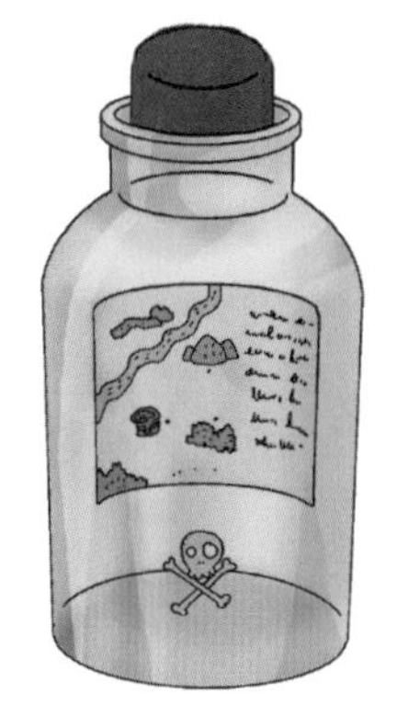

"에이, 뭐예요? 아무것도 없잖아. 보물은 커녕 동전 한 닢도 들어 있지 않고, 헛고생만 했어요."

잠깐만, 병 표면을 자세히 들여다 보세요.

"해골 표시 말고는 없는데요. 뭘……."

아닙니다. 해골 표시 뒷부분에 뭔가 적혀 있는 것 같군요.

냥냥 군은 자세히 들여다보더니 해골 표시 뒷부분에 병 안쪽에서 들여다볼 수 있는 부분에 깨알 같은 그림과 글씨가 적혀 있는 것을 발견했습니다. 병 두께 때문에 글씨가 희미하게 보여서인지 냥냥 군은 병을 깨뜨리더군요. 그리고 다시 찬찬히 읽어 보았습니다. 병 안쪽의 그림과 글씨는 지도였습니다.

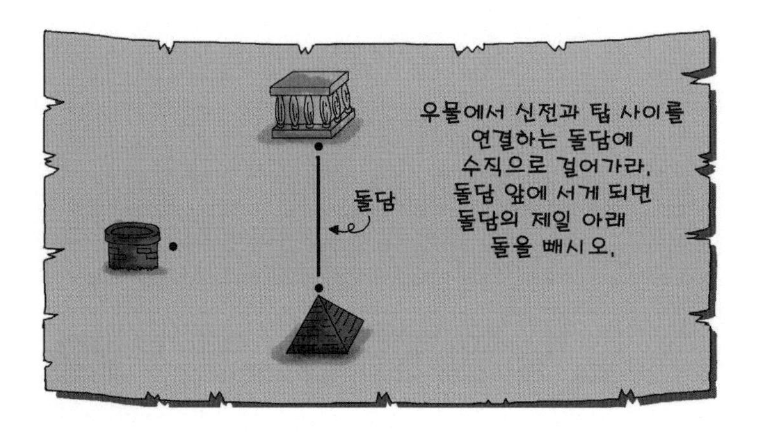

"선생님! 갈수록 문제가 더 복잡해지는 것 같아요. 그런데 선생님과 세 개의 지도를 해결하고 나니까 어느 정도 풀이법을 혼자 힘으로 생각해 낼 수 있을 것 같아요. 이번에는 제가 한번 도전해 볼게요."

그래요. 아주 훌륭한 생각입니다. 선생님의 풀이법을 듣는 것도 중요하지만 스스로 문제를 해결하려는 노력이 자신을 더욱 성장시키니까요.

평소에 칭찬과는 거리가 멀던 냥냥 군이 나의 칭찬 한마디에 어깨가 으쓱해지더군요. 자신감 있어 보였습니다.

"우선 지도에서 신전과 탑을 자로 이어 봅니다. 이 선분이 바로 돌담길인 거죠? 음……. 그리고 우물에 서서 신전과 탑을 이은 선으로 수직으로 걸어가 보면 되지 않을까요?"

우물에서 수직으로 걸어간다는 표현이 모호하군요. 어느 방향이 수직인지 정확하지 않아요. 우물에서 신전과 탑을 이은 선과 정확히 수직이 되는 선을 찾아야 합니다. 우리에게 주어진 눈금 없는 자와 컴퍼스만으로요. 대충은 금물입니다. 냥냥 군, 그래도 시도는 좋았어요. 선생님과 함께 구체적인 해법을 고민해 보겠습니다.

이번에도 편의상 신전을 점 A, 탑을 점 B, 우물을 점 C라고 하겠습니다. 냥냥 군의 말처럼 먼저 $\overline{\mathrm{AB}}$를 긋습니다. 다음은 점 C에 컴퍼스의 중심을 두고 $\overline{\mathrm{AB}}$와 두 점에서 만나도록 호를 하나 그립니다(①). $\overline{\mathrm{AB}}$와 호가 만나는 두 점을 각각 D, E라고 하죠.

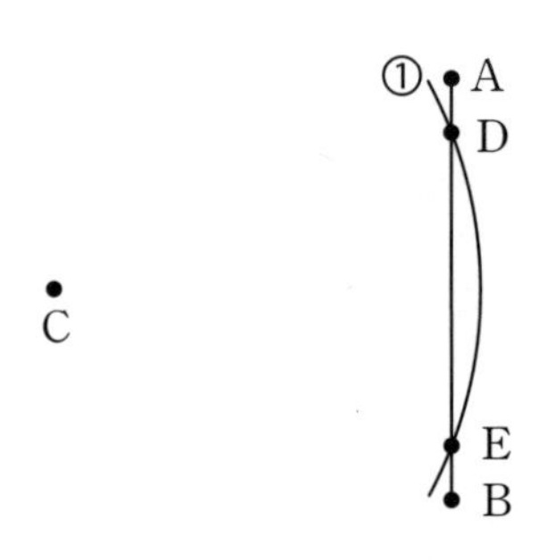

다시 점 D에 컴퍼스의 중심을 두고 $\overline{\mathrm{DE}}$길이의 절반보다 좀 더 길게 반지름을 잡아 호를 그립니다(②). 이것과 같은 반지름으로 이번에는 컴퍼스의 중심을 점 E에 두고 호를 그립니다(③). 두 호의 교점을 이으면 이 직선은 점 C를 지나면서 $\overline{\mathrm{AB}}$에 수직인 직선이 됩니다.

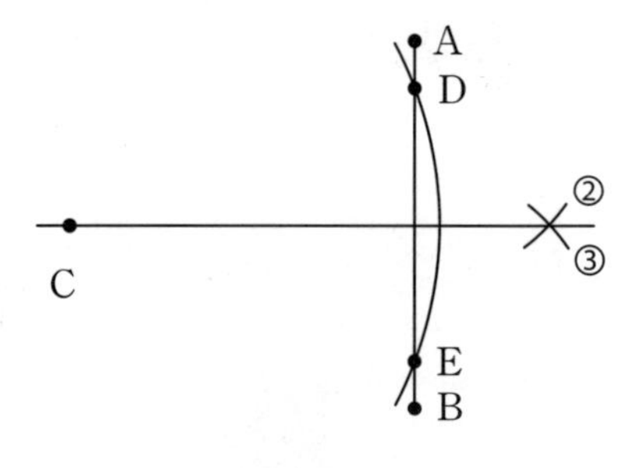

보물이 묻힌 경로를 완성한 우리는 우물에서 돌담에 수직인 직선길을 따라 달려갔습니다. 달려간 길과 만나는 돌담의 제일 아랫돌을 잡고 몇 번 흔들었더니 돌이 쉽게 빠졌습니다. 빼낸 공간 안쪽에 뭔가 반짝거리는 물건이 있었어요. 냥냥 군은 환호성을 지르며 꺼내 보았습니다. 번쩍번쩍 황금으로 된 컴퍼스였죠.

"와~ 이게 전부 황금인가요?"

허허, 그런가 봅니다. 냥냥 군이 이번 여행에서 기본 도형들을 잘 그렸기 때문에 받게 된 상인 거 같은데요.

냥냥 군은 황금 컴퍼스뿐만이 아니라 이번 여행에서 또 다른 중요한 걸 얻었습니다.

여러분도 그게 뭔지 아시겠습니까?

바로 작도의 세계에 냥냥 군이 눈을 떴다는 것이죠.

첫 번째 여행에서 냥냥 군과 나는 보물을 찾기 위해 몇 가지 길을 헤쳐 나왔습니다. 이 모든 작업을 우리는 작도라고 부릅니다. 작도에서 필요한 도구는 눈금 없는 자와 컴퍼스입니다.

단 두 가지, 눈금 없는 자와 컴퍼스라는 제한된 조건 속에서도 기본 도형을 다 그려낼 수 있었습니다.

작도란?

자와 컴퍼스를 사용하되 자의 눈금은 사용하지 않고 도형을 그리는 것

냥냥 군과 나에게는 즐거운 보물찾기 여행이었습니다.

이번 여행에서는 작도에 쓰이는 도구인 컴퍼스와 눈금 없는 자를 소개하였습니다. 또한 기본적인 작도법인 선분의 수직이등분선 작도, 각 옮기기 작도, 각의 이등분선 작도, 직선 밖의 한 점에서 직선에 수선[3] 긋기 작도를 배웠습니다. 작도의 정의도 소개하였고요. 첫 시간 냥냥 군과의 여행부터 너무 많은 문제를 해결하여 머리가 아픈 건 아닌지 모르겠군요. 다음 시간에는 삼각형의 작도에 대해서 다른 여행을 통해 공부해 보겠습니다. 그럼 오늘 수업은 여기서 마칠까요?

메모장

❸ 수선 수직인 직선.

수업 정리

❶ **작도**란 눈금 없는 자와 컴퍼스를 이용하여 도형을 그리는 것을 말합니다.

❷ 수직이등분선의 작도 방법은 다음과 같습니다.

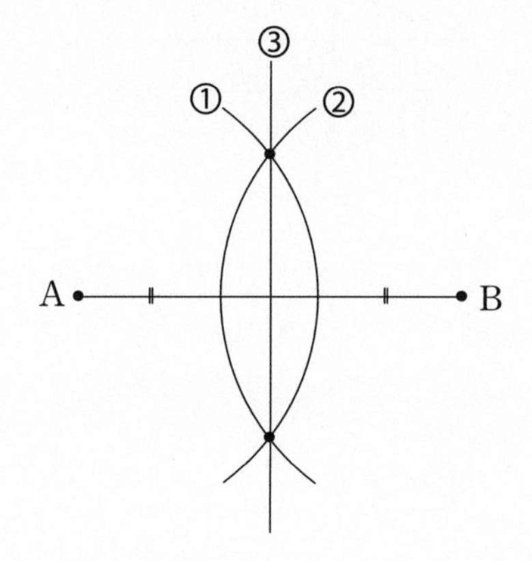

❸ 똑같은 각 옮기기 작도 방법은 다음과 같습니다.

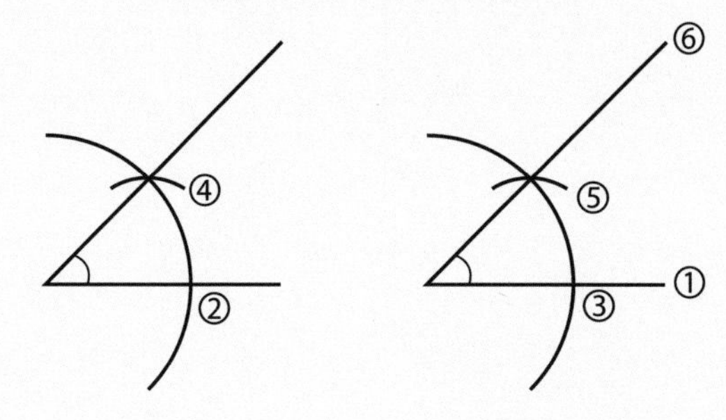

수업 정리

❹ 각의 이등분선 작도 방법은 다음과 같습니다.

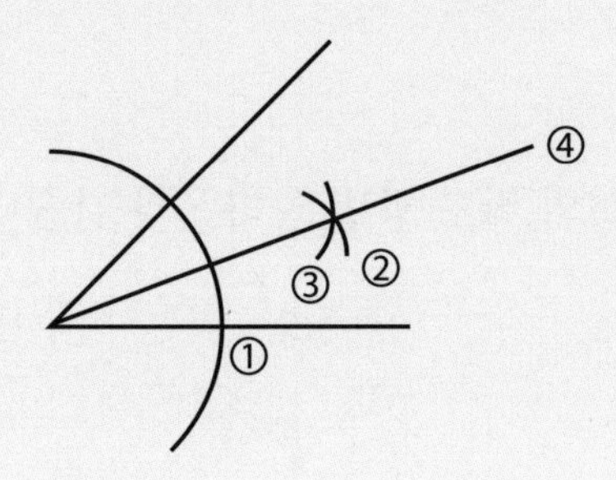

❺ 직선 밖의 한 점에서 직선에 대한 수선 작도 방법은 다음과 같습니다.

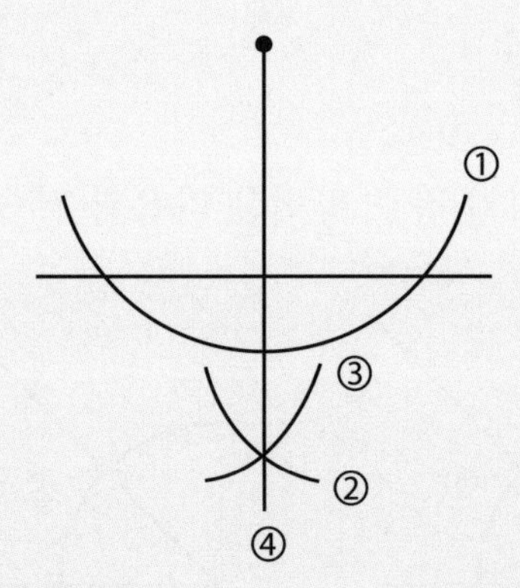

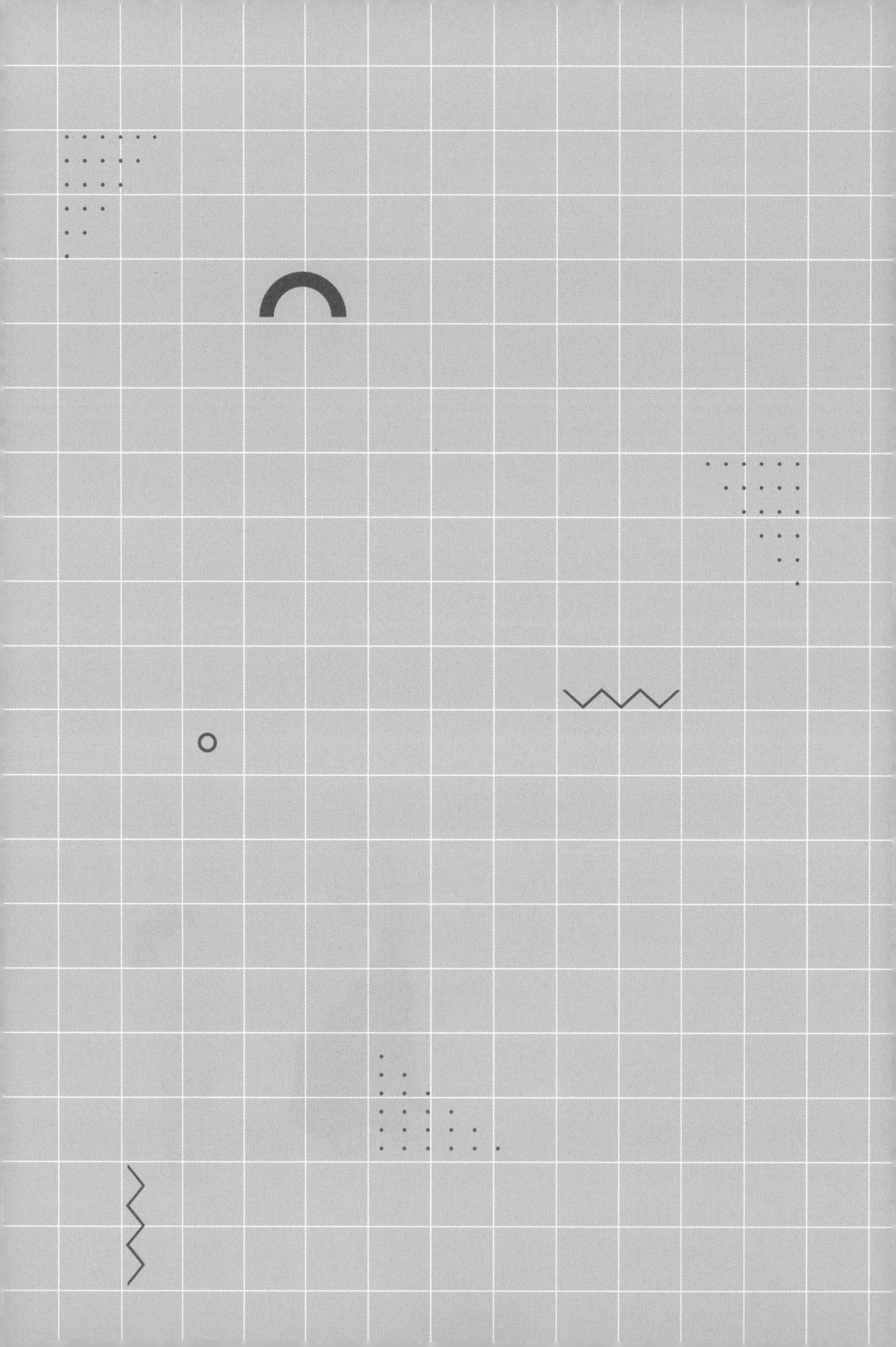

2교시

삼각형의 작도

최소한 어떤 조건들이 있어야 삼각형이 만들어질까요?
삼각형의 결정조건을 이해하고 작도해 봅시다.

수업 목표

1. 삼각형의 결정조건을 이해합니다.
2. 삼각형의 결정조건을 이용하여 삼각형을 작도할 수 있습니다.

미리 알면 좋아요

삼각형이 만들어지기 위해서는 가장 긴 변의 길이보다 다른 두 변의 길이의 합이 더 커야 합니다. 가령 다른 두 변의 길이의 합보다 가장 긴 변의 길이가 더 길다면 다른 두 변은 만날 수 없게 됩니다.

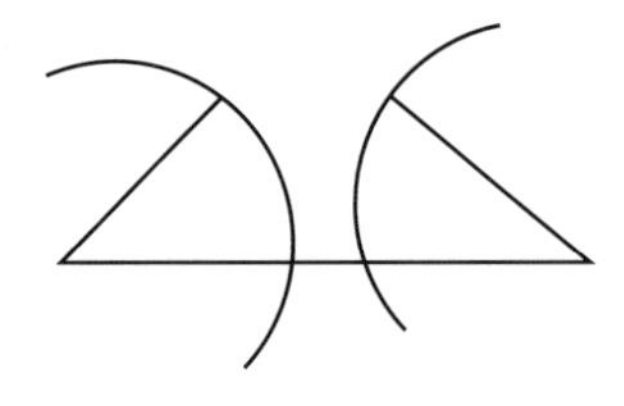

히포크라테스의 두 번째 수업

안녕하세요? 히포크라테스 선생님과 함께하는 작도 두 번째 시간입니다. 이번 시간에는 삼각형의 작도법에 대해 배우려고 합니다. 하나의 모양으로 삼각형을 작도하기 위해서는 어떤 조건이 필요한지 알아보겠습니다. 이번 수업 시간에는 냥냥 군과 함께 이집트를 여행한 이야기와 곁들여 공부해 볼까 합니다.

냥냥 군과 이집트를 함께 여행한 날은 냥냥 군의 기분이 매우 우울했던 일요일이었습니다. 냥냥 군이 책장 사이에 몰래 숨겨

둔 수학 시험지를 냥냥 군의 어머니가 청소하다가 보신 거죠. 지루한 일요일을 보내고 있었던 냥냥 군은 리모컨으로 지겨운 일상을 탈출해서 신나는 여행을 하자고 나를 불러 낸 것입니다. 나는 한참 연구 중이었는데 말이죠.

냥냥 군, 오랜만이군요.

"네, 선생님. 잘 지내셨어요? 공부하고 계셨나 보네요."

허허, 배움이란 건 끝이 없는 것 같아요. 죽어서도 이렇게 리모컨 수호신이 되어 틈틈이 아직 밝혀지지 않은 수학 문제들을 해결하기 위해 노력하잖아요.

"선생님처럼 똑똑하신 분이 몇천 년을 연구해도 풀리지 않는 문제가 있나요?"

그럼요. 아직 해결되지 않은 세기의 수학 문제도 몇 가지 있죠. 그리고 수백 년 동안 풀리지 않은 난제로 남았다가 최근에 풀린 문제들도 있고요. 그런데 오늘은 무슨 일로 리모컨을 눌렀나요?

"그게, 저 오늘 엄마한테 꾸중 들었어요. 예전에 20점 맞은 수학 시험지를 몰래 숨겨 놓았는데 오늘 아침에 들통나 버렸거든요. 이렇게 방 안에 갇혀 있기에는 날씨가 무척 화창하고, 선생님도 갑자기 보고 싶고, 또 뭐 신나는 일이 없을까 하고요."

허허, 어머니의 눈을 피해 달아날 탈출구가 필요했던 거군요. 그럼 우리 함께 두 번째 시간 여행을 떠나 볼까요? 냥냥 군은 어떤 시대를 여행하고 싶나요?

"최근에 《람세스》도 읽어 보고 이집트에 관련된 영화를 몇 편 봤어요. 람세스, 클레오파트라, 세티 1세, 아낙수나문 등등 이집트의 유명한 인물들을 직접 만나 보고 싶어요."

그럼 기원전 이집트 왕국을 둘러 봐야겠군요. 리모컨에서 BC와 13을 눌러 보세요.

이렇게 해서 나와 냥냥 군은 거울 모양의 광채가 나는 빛 속으로 빨려 들어갔습니다. '쿵' 하고 어딘가에 떨어졌습니다. 냥냥 군은 먼저 떨어진 엉덩이 쪽을 붙잡은 채 신음 소리를 내며 일어났죠. 눈을 떠도 사방이 깜깜해서 아무것도 보이지 않더군요. 나는 마침 준비한 횃불을 들고 여기저기를 비춰 보았습니다. 우리가 떨어진 곳은 온통 큰 돌덩이와 벽으로 둘러싸여 있었습니다. 출입구로 보이는 큰 돌문은 굳게 닫혀 있었고 아무리 낑낑거리면서 열려고 해 봐도 꼼짝도 하지 않았습니다. 혹시나 하는 마음에 횃불로 벽면 여기저기를 유심히 들여다보았습니다. 돌문 옆에 다음과 같은 지시문이 커다란 돌판에 새겨져 있었죠.

"선생님, 우린 갇혔어요. 이제 어쩌죠?"

지시문에 적힌 세 개의 삼각형을 준비된 돌덩이에 조각해서 돌문에 넣으면 문을 열 수 있어요. 바깥 이집트 세상을 구경하기 위해서는 문제를 빨리 해결해야겠군요.

"지시문에 제시된 것과 똑같은 삼각형을 어떻게 만들 수 있겠어요? 이건 사람이 할 수 없는 일이에요. 우린 아마 스핑크스에게 잡아먹힐 거예요."

호랑이 굴에 들어가도 정신만 똑바로 차리면 된다잖아요. 걱정 말고 찬찬히 문제에 대해 고민해 봅시다. 냥냥 군, 전에 선물로 받은 황금 컴퍼스를 가지고 왔죠? 내가 가지고 온 눈금 없는 자와 이 컴퍼스로 어려운 문제를 해결할 수가 있답니다. 우선 삼각형에서 쓰이는 기호를 먼저 설명해야겠군요.

아래 그림과 같이 $\overline{AB}$, $\overline{BC}$, $\overline{CA}$로 이루어진 도형인 삼각형을 기호로 △ABC와 같이 나타냅니다. ∠A와 마주 보는 변 BC를 ∠A의 대변이라 하고, ∠A를 $\overline{BC}$의 대각이라고 합니다. 변은 주로 소문자로, 각은 대문자로 나타내죠. 일반적으로 한 각과 그 각에 마주 보는 변은 동일한 알파벳을 씁니다. 즉, △ABC에서 ∠A, ∠B, ∠C의 대변 BC, CA, AB를 차례로 a, b, c로 나타냅니다.

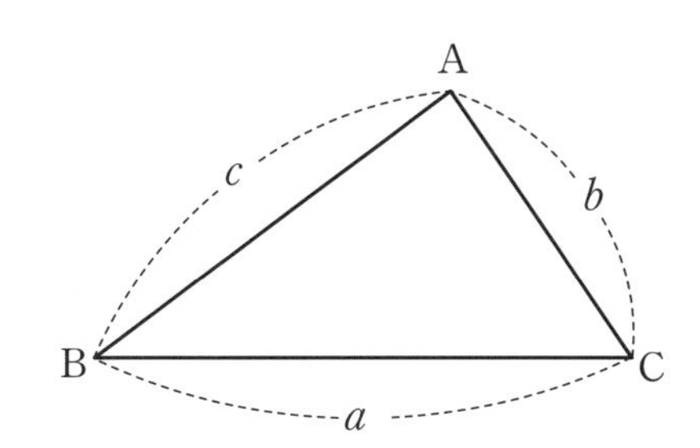

삼각형의 결정조건에 대해서도 설명하겠습니다. 유일한 형태의 삼각형을 만들기 위해서는 다음 중 하나의 조건과 일치해야만 합니다.

① 세 변의 길이가 주어질 때

② 두 변의 길이와 그 끼인각이 주어질 때

③ 한 변의 길이와 양 끝각이 주어질 때

주어진 제시문에서 만들어야 할 삼각형은 위의 세 조건을 각각 하나씩 만족하는군요. 따라서 우리는 제시문에 적혀 있는 삼각형을 작도할 수 있습니다. 우선 첫 삼각형부터 만들어 봅시다. 세 변의 길이가 주어졌군요. 그럼 어떤 모양의 삼각형이 나오는지 작도해 볼까요? 전에 만났을 때 작도에 대해 이야기한 적이 있지요? 기억이 가물가물한 냥냥 군을 위해 다시 한번 설명하겠습니다. 작도는 눈금 없는 자와 컴퍼스만을 이용해서 기본 도형을 그리는 것을 의미합니다.

먼저 ①번 삼각형을 만들어 보도록 하죠. 첫 번째는 세 변의 길이가 주어질 때 삼각형을 그리는 법입니다. 편의상 세 변을 a, b, c라고 부르겠습니다. 우선, 하나의 돌덩이에 자로 직선 하나를 그리고 제일 긴 변 b의 길이만큼 컴퍼스로 재서 그 직선 위로 옮기겠습니다(①).

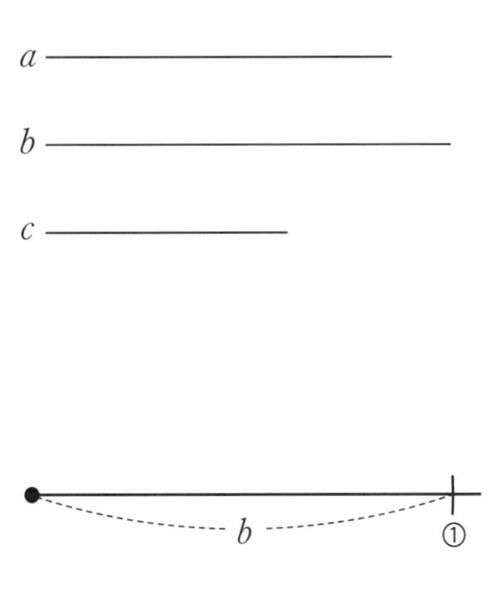

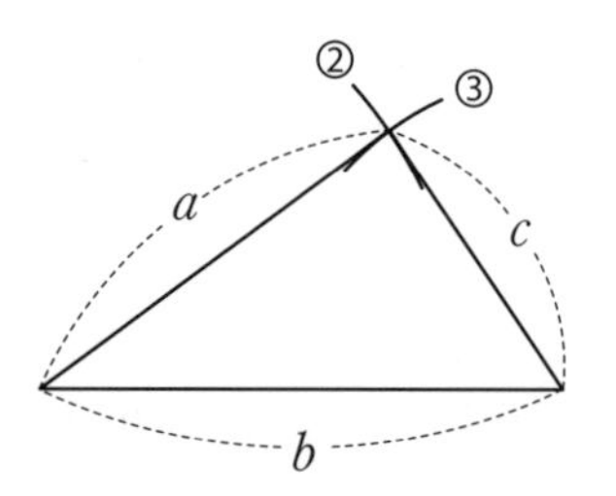

돌덩이로 변 b가 옮겨 왔군요. 이제 변 a과 변 c을 차례대로 옮겨야겠죠? 변 a의 길이만큼을 컴퍼스로 재고 컴퍼스를 그대로 가지고 와서 변 b의 한쪽 끝에 컴퍼스의 중심을 두고 옮깁니다(②). 같은 방법으로 변 c의 길이만큼 컴퍼스로 재서 변 b의 다른 한쪽 끝으로 옮겨 주면(③), 주어진 세 변의 길이를 가지는 삼각형이 완성됩니다.

"오~ 생각보다 간단하네요. 그럼 두 번째 문제는 어떻게 작도하나요?"

두 번째 삼각형을 만들기 위해 주어진 조건이 무엇인가요?

"두 변의 길이와 하나의 각이 주어졌습니다."

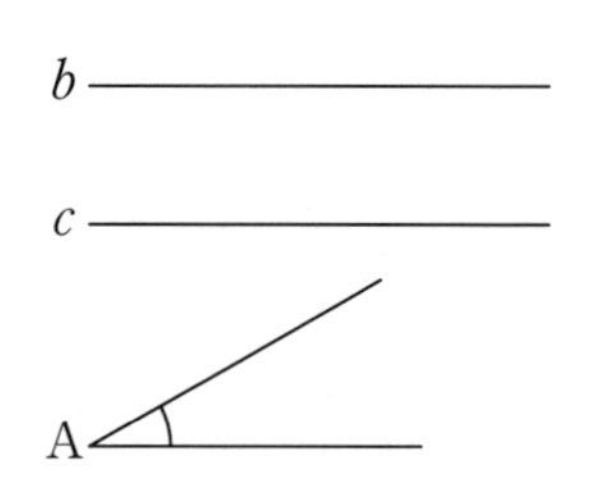

그렇죠. 이때 주어진 각은 주어진 두 변에 대한 끼인각이어야만 합니다. 그래야 유일하게 하나의 삼각형을 작도할 수 있습니다. ②번 삼각형을 만들기 위해 편의상 주어진 두 변을 각각 b,

c, 끼인각은 A로 표시하겠습니다. 우선 자를 이용하여 임의의 직선을 돌덩이에 그리고 컴퍼스로 변 b의 길이만큼을 재서 옮기겠습니다(①). 다음은 각을 옮길 텐데요. 주어진 각을 옮기는 작도법은 지난 여행에서 보물찾기를 할 때 배운 적이 있습니다. 기억을 더듬어서 다시 찾아보면, 컴퍼스의 중심을 각의 꼭짓점에 놓고 임의의 반지름을 가지는 호를 하나 그립니다(②). 이때 호와 각이 만나는 교점을 d, e라고 하겠습니다.

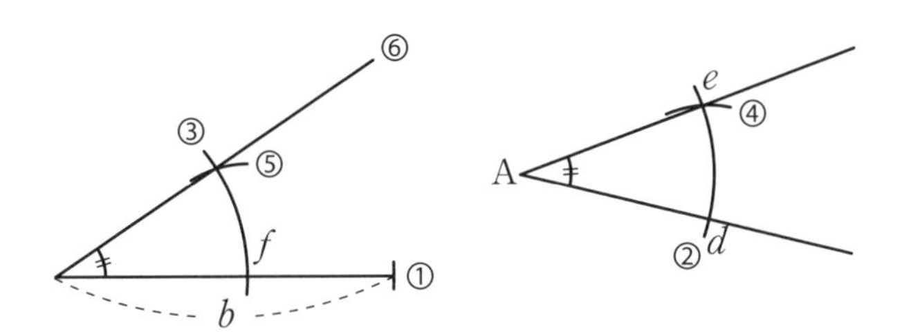

동일한 반지름으로 변 b의 한쪽 끝에 컴퍼스의 중심을 놓고 호를 그리죠(③). 호와 변의 교점을 점 f라 합시다. 다음은 점 d, e 사이의 거리를 컴퍼스로 재고(④) 동일한 반지름으로 점 f에 컴퍼스의 중심을 둔 호를 그립니다(⑤). 두 호가 만나는 교점과 변 b의 한쪽 끝점을 연결하면(⑥) 각 A가 옮겨집니다.

이제 변 c를 옮길 차례군요. 지시문에서 변 c의 길이를 컴퍼스로 잰 후 이전에 작도한 반직선 위에 변 c의 길이를 그대로 옮겨 줍니다(⑦). 그리고 변 b의 끝점과 연결하면 삼각형이 완성됩니다.

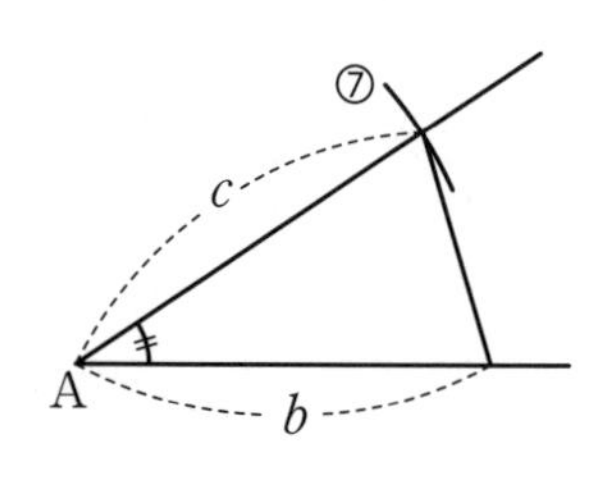

"선생님? 돌문에 새겨진 그림과 다른데요? 돌문에는 위로 뾰족한 삼각형이잖아요?"

작도한 삼각형을 돌덩이에 새겨서 조각한 후 돌려 보세요. 어때요? 돌문에 파인 홈에 꼭 들어맞나요?

"네. 선생님, 대단하세요."

오늘 안에 이 문제를 다 해결하려면 시간이 없군요. 여행 와서 스핑크스에게 잡아먹혀 돌아가지 못하는 일이 일어나선 안 되겠죠. 서둘러서 마지막 문제도 해결해 봅시다.

이번에 살펴볼 삼각형은 한 변과 양 끝각이 주어졌군요. 이번에도 기준선이 될 수 있는 주어진 변 c를 먼저 옮겨 봅시다. 이제 냥냥 군도 이 정도는 해결할 수 있을 것 같은데, 한 변 c를 옮기기 위해서는 어떻게 해야 하나요?

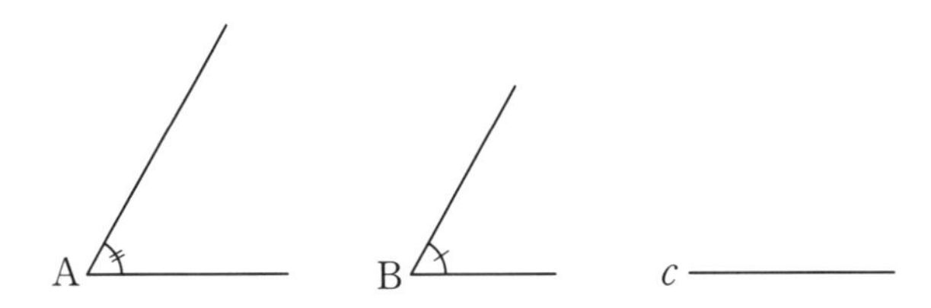

"하하. 이 정도야 히포크라테스 선생님의 수제자인 저로서는 너무 쉬운 과제죠. 우선 돌덩이에 임의의 직선을 하나 그리고 컴퍼스로 변 c의 길이를 잰 후 그대로 직선 위에 옮기면 되잖아요(①)."

잘했습니다. 냥냥 군이 열심히 설명을 듣고 있었네요. 그리고 나서는 변 c의 양 끝에 각 A, B를 옮기면 된답니다. 앞에서 배운 것들이라 쉽게 할 수 있을 것 같네요. 각 옮기기에 대해서는 벌써 두 번이나 연습했으니까요. 그럼 냥냥 군이 직접 해결해 볼까요?

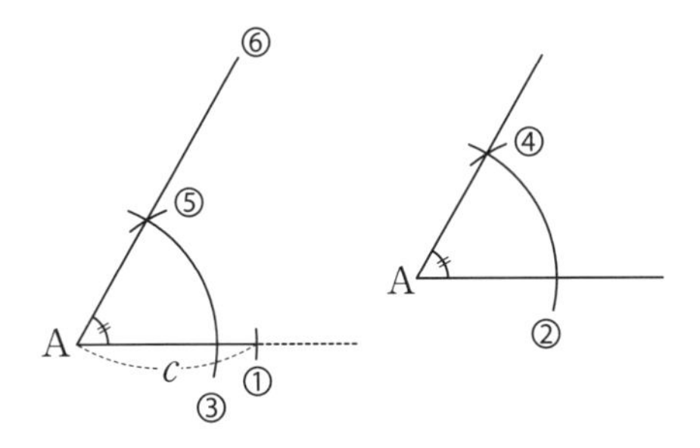

"먼저 각 A를 옮겨 보겠습니다. 각 A 주변에 임의의 호를 그리고(②) 이와 동일한 반지름을 가져 와서 변 c의 한쪽 끝에서 호를 그립니다(③). 그리고 다시 각 A에서 호의 반직선이 만나는 두 교점 사이의 거리를 잰 후(④) 변 c와 호의 교점으로 컴퍼스의 중심을 가지고 와서 호를 표시합니다(⑤). 두 호가 만나는 교점과 변 c의 한쪽 끝점을 이어주는 거지요(⑥). 동일한 방법으로 각 B 역시 변 c의 한쪽 끝에 옮겨 줍니다. 지시문의 조건을 만족하는 삼각형이 완성됐네요."

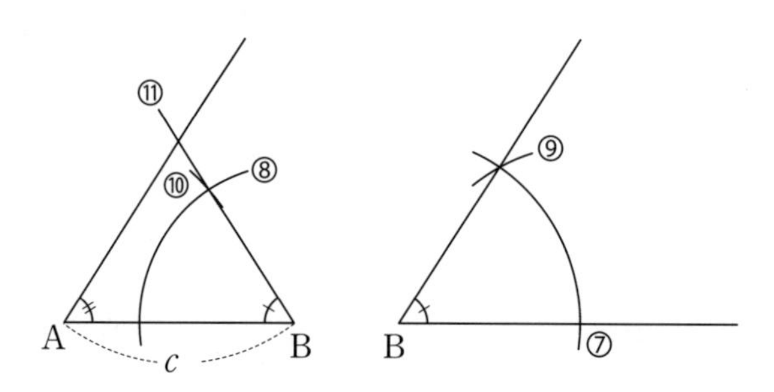

오, 냥냥 군이 이제 작도의 도사가 되겠는 걸요. 아주 잘했어요. 이제 세 삼각형을 돌덩이에 다 그렸으니 조각을 해야겠습니다.

이렇게 해서 주어진 돌을 그려 낸 삼각형 모양으로 다듬기 시작했습니다. 정으로 쪼아 삼각형의 형태를 만들고 준비되어 있던 사포로 쓱쓱싹싹 문질러서 정확한 세 개의 삼각형 모양을 조각했습니다. 그리고는 세 개의 삼각형을 돌문에 끼워 맞췄더니 돌문이 옆으로 스르르 열렸죠. 냥냥 군은 환호성을 지르며 굉장히 기뻐하더군요. 우리는 갇혀 있던 동굴을 빠져나올 수 있었습니다.

동굴을 나오자 거대한 스핑크스가 근엄한 자세로 앉아 있었습니다. 스핑크스는 세 가지의 삼각형을 현명하게 작도해 낸 냥냥 군에게 상으로 황금으로 만든 눈금 없는 자를 주었습니다. 자의 뒷면에는 스핑크스의 모습이 정교하게 새겨져 있었고요. 냥냥 군은 두 번의 여행을 통해 황금 컴퍼스와 황금 자를 선물로 받게 되었습니다. 여러 다른 경험도 해 보고 싶었지만 동굴에서 빠져나오기 위해 삼각형을 작도하고 돌덩이를 조각하느라 많이 지쳐 있었죠.

동굴을 빠져나와 한적한 그늘에 앉아 잠시 쉬고 있었는데, 냥냥 군이 다음과 같은 질문을 하더군요.

"삼각형의 결정조건이 아닌 다른 조건을 가지고는 유일한 형태의 삼각형을 작도할 수 없을까요? 가령 두 변의 길이와 끼인각이 아닌 다른 한 각이 주어지면 삼각형을 작도할 수 없는 건가요?"

냥냥 군과 같은 이러한 생각은 삼각형의 결정조건을 배우고 난 학생들은 누구나 가질 수 있습니다. 결론을 미리 말하면, 삼각형의 결정조건 외에 다른 조건이 주어질 때는 다른 모양의 삼각형이 두 개 이상 생겨날 수도 있고, 주어진 조건을 만족하는 삼각형을 작도하지 못할 수도 있습니다. 그렇다면 다음 조건의 삼각형을 작도해 보도록 하겠습니다.

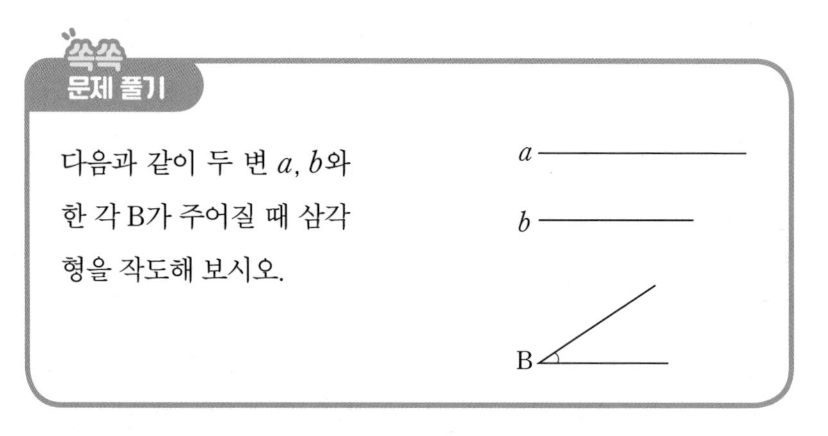

동굴 안에서 만든 삼각형과 비슷한 방법으로 시도해 보겠

습니다.

먼저 직선을 긋고 선분 a의 길이만큼을 옮깁니다(①).

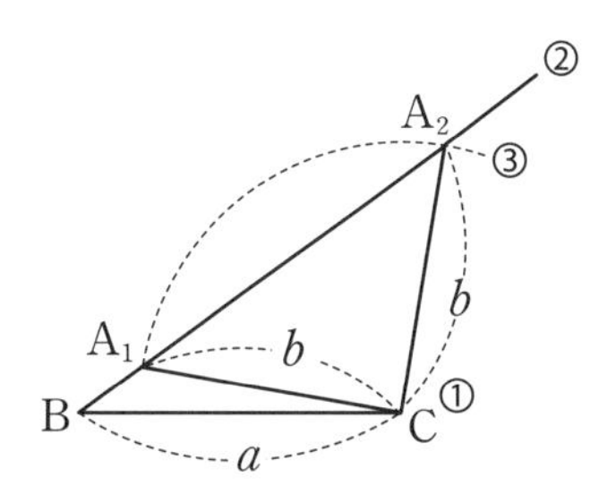

각 옮기기 작도를 이용하여 각 B를 선분 a의 한 끝점으로 옮깁니다(②). 각 B와 마주 보는 변이 선분 b가 되므로, 선분 a의 다른 한 끝점에 컴퍼스의 중심을 대고 선분 b의 길이만큼을 반지름으로 잡아 호를 그립니다(③). 이 호는 각 B를 옮길 때 그린 반직선과 두 개의 점에서 만납니다.

즉, 점 A가 될 수 있는 점이 두 개가 생긴 것입니다.

따라서 주어진 조건에 맞는 삼각형은 $\triangle A_1BC$, $\triangle A_2BC$라는 두 개의 다른 모양의 삼각형으로 나타납니다. 이러한 이유에서 두 변과 끼인각이 아닌 다른 한 변이 주어진 경우에는 삼각형의 결정조건이 될 수 없습니다.

냥냥 군은 나의 말을 알아들은 눈치였습니다.

다시 우리는 스핑크스의 안내를 받아 고대 이집트의 이곳저곳을 구경하였습니다. 색색의 열매와 다양한 가재도구를 파는 시장도 둘러보고 화려한 옷을 입은 무희와 파라오의 침실, 건설 중인 피라미드 현장의 무거운 돌을 나르는 노예들, 파라오의 무덤에 벽화를 그리고 있는 화가들 등등 다양한 문화를 경험하면서 즐거운 시간을 보냈습니다.

자, 여행 이야기를 하다 보니 어느덧 마칠 시간이 다가오는군요. 이집트 여행에서 배운 것을 정리해 볼까요?

삼각형을 유일한 하나의 모양으로 결정하는 조건을 삼각형의 결정조건이라고 부릅니다.

삼각형의 결정조건은 다음과 같습니다.

삼각형의 결정조건

① 세 변의 길이가 주어질 때

② 두 변의 길이와 그 끼인각이 주어질 때

③ 한 변의 길이와 양 끝각이 주어질 때

이외의 조건이 주어지면 하나의 모양으로 결정되지 않는 경우가 생긴답니다. 그럼 다음 시간에 봅시다.

수업 정리

❶ 삼각형의 결정조건은 다음과 같습니다.

— 세 변의 길이가 주어질 때

— 두 변의 길이와 그 끼인각이 주어질 때

— 한 변의 길이와 양 끝각이 주어질 때

❷ 세 변의 길이가 주어질 때 삼각형의 작도 방법은 다음과 같습니다.

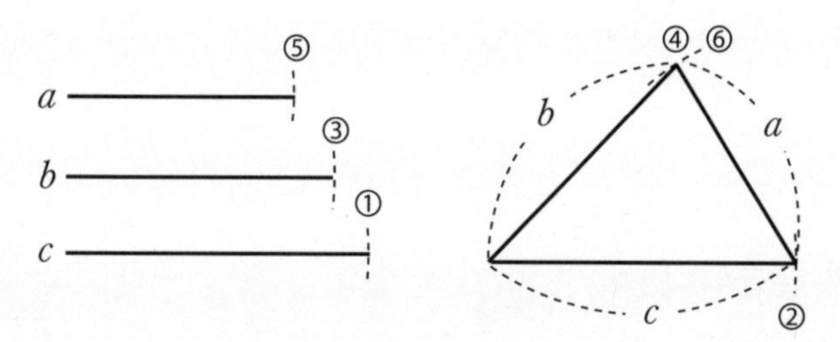

수업 정리

❸ 두 변의 길이와 그 끼인각이 주어질 때 삼각형의 작도 방법은 다음과 같습니다.

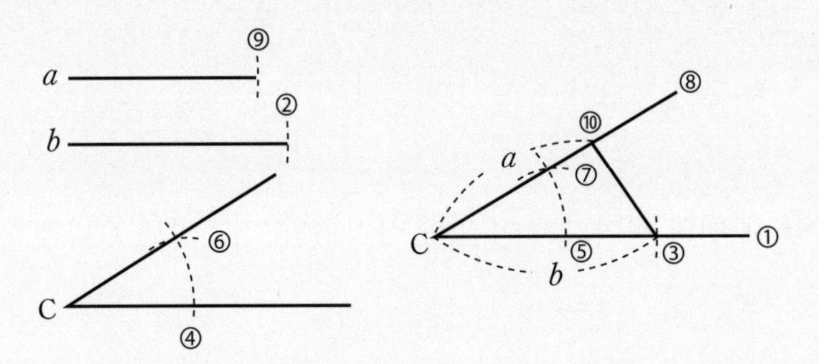

❹ 한 변의 길이와 양 끝각이 주어질 때 삼각형의 작도 방법은 다음과 같습니다.

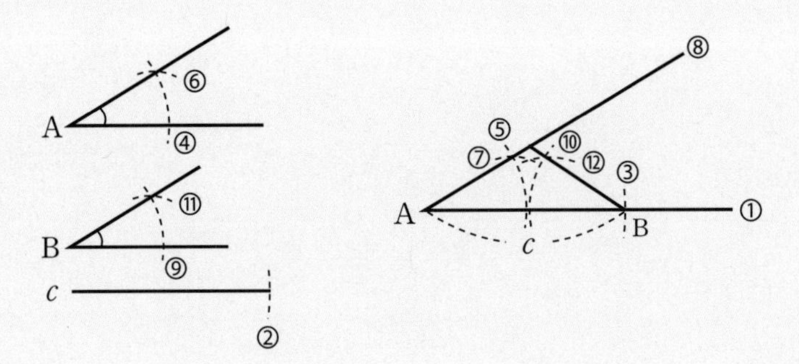

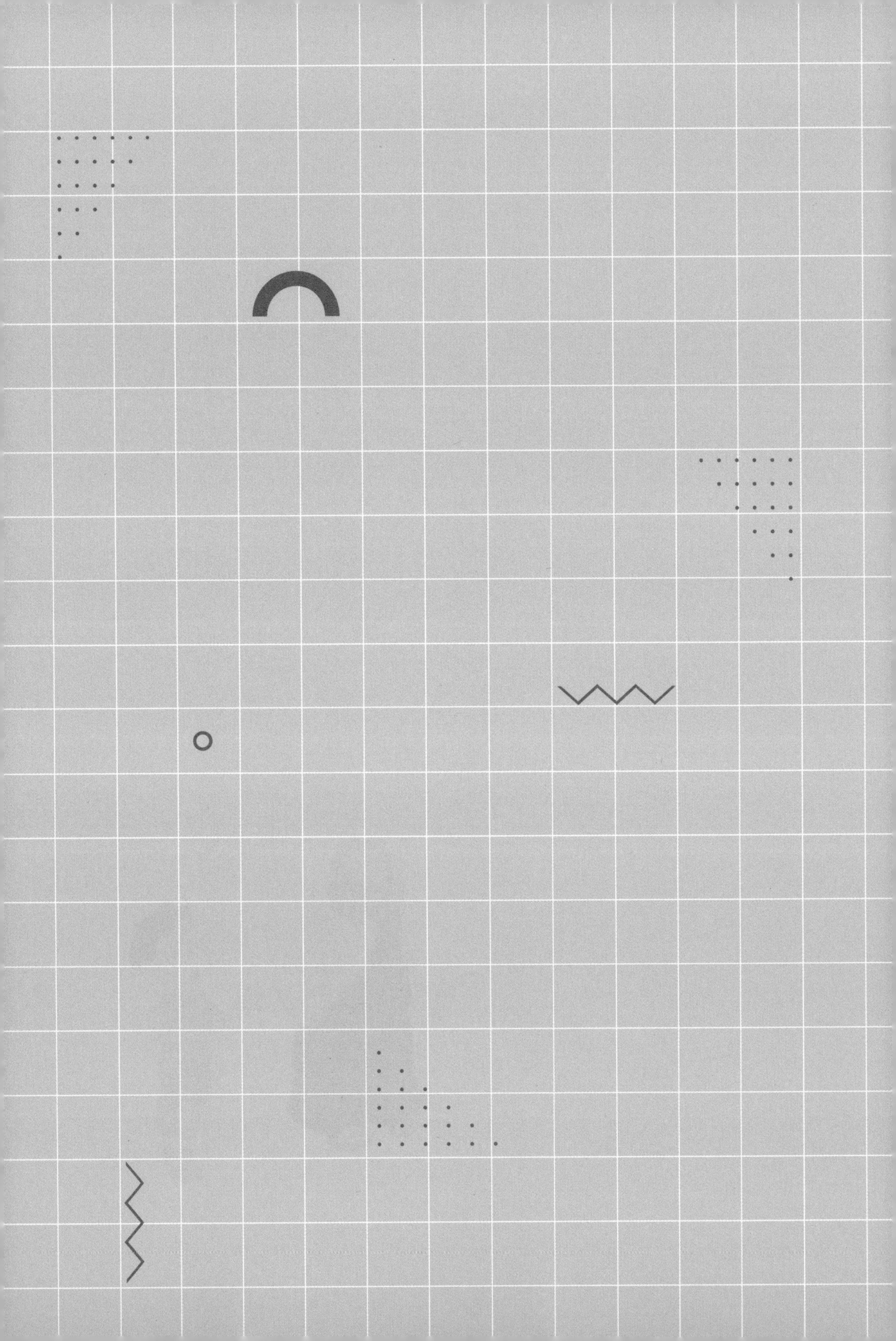

3교시

작도의 정의

평행선 작도는 어떻게 할까요?
직선상의 점에서 그 직선의 수선을 세워 봅시다.

수업 목표

1. 작도에서 눈금 없는 자와 컴퍼스만으로 도구를 제한했던 이유를 이해합니다.
2. 평행선 작도와 직선상의 점에서 그 직선에 수선을 세우는 작도의 방법을 배웁니다.

미리 알면 좋아요

1. **작도** 눈금 없는 자와 컴퍼스를 이용하여 어떤 성질을 지닌 도형을 그리는 것.
2. **평행선** 같은 평면 위에 있는 둘 이상의 평행한 직선.
두 직선이 한없이 가더라도 서로 만나지 않으면 평행하다고 합니다. 예를 들어 기찻길 위에 놓여진 두 선로, 올림픽 경기에서 볼 수 있는 평행봉은 평행하다고 할 수 있습니다.

히포크라테스의 세 번째 수업

오늘은 냥냥 군과 함께하는 세 번째 여행 이야기를 들려주어야 겠군요. 어느 날 냥냥 군은 리모컨 전원을 켜서 나를 부르지도 않고 바로 BC와 5를 눌러서 그리스의 한적한 키오스섬에서 강의하고 있는 나에게 찾아왔습니다.

오, 냥냥 군이 여기까지 웬일인가요?

“리모컨 전원을 눌렀는데 선생님이 나타나시질 않아서 궁금해서 이렇게 찾아와 봤어요."

미처 몰랐네요. 원래 냥냥 군이 전원을 켜면 내 허리에 차고 다니는 수신기로 연락이 오거든요. 그런데 강의에 너무 열중하는 바람에 미처 듣지 못했나 보군요. 근데 또 어딜 여행하고 싶었던 건가요?

"아뇨, 그게 아니라 궁금한 게 생겨서요. 선생님, 여행할 때마다 만난 작도 문제들을 해결하는 데 왜 하필이면 도구로 눈금 없는 자와 컴퍼스만을 사용하는지 궁금해요."

아, 그랬군요. 그렇다면 냥냥 군이 내가 살았던 기원전 5세기로 여행 온 것이 설명에 꽤 도움이 되겠네요. 이곳은 내가 태어난 곳입니다. 고대 그리스의 키오스섬이죠. 고대 그리스 시대는 여러분이 아마 교과서에서 익히 들어 잘 알고 있을 것입니다. 직접 민주 정치가 꽃핀 바로 그곳이죠. 이때는 계급이 시민과 노예로 나뉘어 있었습니다. 교과서에서 배운 직접 민주 정치는 시민들만의 제한된 민주주의였죠. 즉, 시민 계급은 특권 계급이었답니다.

"선생님, 제가 살고 있는 21세기 대한민국은 모든 사람이 다시민인데요?"

네, 후대의 시민과는 의미가 많이 다르죠. 고대 그리스 시대의 시민은 글쎄, 귀족이라는 용어가 더 알맞은 표현일 수도 있겠군요. 시민의 범위는 극히 제한적이었답니다. 심지어 여자는 일체 시민 계급에 포함되지 않았으니까요. 대부분의 사람은 노예입니다. 나는 소수의 시민 계급에 속한답니다.

노예와 시민이 하는 일이 구분되어 있습니다. 노예는 일상적인 일을 다 합니다. 시민의 집을 청소하기, 음식 만들기, 농장 가꾸기, 짐 나르기, 아기 돌보기 등등이죠.

"그럼 저에게 덧셈, 뺄셈 그리고 구구단을 가르쳐 주는 선생님의 역할은요?"

그 부분 역시 노예가 맡아서 합니다. 노예는 장사를 하거나 수확을 할 때 계산하기, 건물을 지을 때 측량하기와 같이 직접 수를 계산하는 일도 도맡아 합니다.

"그렇다면 시민 계급은 도대체 뭘 하나요?"

시민 계급은 정치에 참여하고, 아고라라는 광장에서 열띤 토론도 합니다. 육체적인 노동 이외의 것을 하는 거죠. 이를테면 지적인 영역을 고민하고 탐구하는 일을 한답니다.

"악! 나는 머리 쓰는 건 싫은데, 그렇다면 계산은 왜 노예가 하는 거예요?"

계산하는 활동 역시 지적인 영역을 확장시키는 것이 아니라 단순한 육체노동이라고 생각했기 때문입니다. 그렇기 때문에 작도 영역에서 각도기나 눈금 있는 자는 사용하지 않는 것이지요. 각도기는 각을 잴 수 있는 도구이고 눈금 있는 자도 길이를 잴 수 있는 도구죠. 따라서 무엇인가를 측량하는 도구이기 때문에 지적 영역을 탐구하는 데 포함시키지 않았답니다. 자와 컴퍼스로 도형을 그리는 것 역시 우리가 얼마나 정확하게 도형을 그려 내느냐를 문제 삼지 않았습니다. 다만 자와 컴퍼스가 완전한 정밀성을 가진다는 가정 아래 도형을 작도하는 해법을 찾아내는 것에 중점을 두었습니다. 그리스인들은 기하학이라는 도형을 다루는 학문을 직선과 원 두 개의 도형에 대한 고찰로 제한하려고 노력하였습니다. 작도 문제를 단순하고 조화로운 그래서 미학적으로 매력적인 문제로 만들고 싶은 그리스인들의 소망이 담겨 있다고 할 수 있습니다.

"그리스인들의 사고방식은 이해하기 어려워요. 극히 제한된 도구를 가지고 작도하는 것이 매력적이라고 생각하다니 고대 그리스 시대 시민이 아닌 게 다행이라고 느껴지네요."

허허……. 그렇죠? 사실 지금 학교에서 해결하는 작도보다 그리스 시대 작도는 더 어려웠습니다. 훨씬 제한된 도구를 가지고 작도했거든요. 그리스인들은 접히는 컴퍼스와 눈금 없는 자를 가지고 작도를 했답니다.

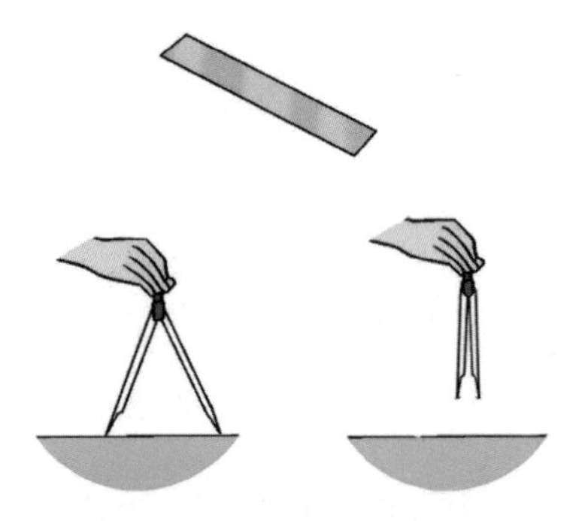

눈금 없는 자와 접히는 컴퍼스

"접히는 컴퍼스요?"

접히는 컴퍼스는 길이를 옮길 수가 없습니다. 길이를 옮기기 위해서 하나의 선분 위에 컴퍼스를 놓아도 컴퍼스를 드는 순간 접혀 버리니까 길이를 보존할 수가 없는 거죠. 그리스 시대 사람들은 접히는 컴퍼스를 이용해서도 길이를 보존하는 방법을 증명해 냈습니다. 방법이 너무 어려우니 여기서는 생략하겠습니다. 결국 접히는 컴퍼스와 접히지 않는 컴퍼스의 용도 범위가 같아졌다는 걸 알게 된 그리스 사람들은 작도하기 쉬운 접히지 않는 컴퍼스를 도구로 채택한 거죠.

지금까지 작도에 대한 내용을 종합해 보면 다음과 같습니다.

쏙쏙 이해하기

*** 작도의 규칙**

- 눈금 없는 자 : 두 점을 지나는 직선을 그을 때 사용.
- 컴퍼스 : 점, 반지름으로 원을 그리거나 선분을 옮길 때 사용.

*** 작도란?**

눈금 없는 자와 컴퍼스를 이용하여 어떤 성질을 지닌 도형을 그리는 것.

*** 기본 작도**

① 동일한 선분을 그대로 옮기는 일
② 동일한 각을 그대로 옮기는 일
③ 평행선을 긋는 일
④ 선분의 이등분선을 긋는 일
⑤ 직선상의 점에 있어서 그 직선에 수선을 세우는 일
⑥ 직선상이 아닌 점에서 그 직선에 수선을 내리는 일
⑦ 각의 이등분선을 긋는 일

기본 작도 중 대부분을 첫 번째 보물찾기 여행에서 연습해 본 것 같군요. 지금까지 해 보지 않은 ③ 평행선 작도와 ⑤ 직선상의 점에 있어서 그 직선에 수선을 세우는 작도를 해 보도록 하겠습니다.

즉, 옆의 그림에서 점 P를 지나고 직선 l에 평행한 직선을 작도해 보겠습니다.

· P

l

우선 직선 l 위의 임의의 점 A를 잡고, 점 A와 점 P를 연결합니다(①). 점 A를 중심으로 하는 호를 하나 그리고 $\overline{AP}$와의 교점을 B, 직선 l과의 교점을 C라 하죠(②). 동일한 반지름으로 점 P에 중심을 놓고 호를 그리고 $\overleftrightarrow{AP}$의 교점을 D라고 하겠습니다(③). 점 B, C 사이의 거리를 컴퍼스로 잰 후(④) 점 D의 위치에 그대로 옮깁니다(⑤). 두 호가 만나는 교점을 점 E라 하고 점 P와 점 E를 연결합니다(⑥).

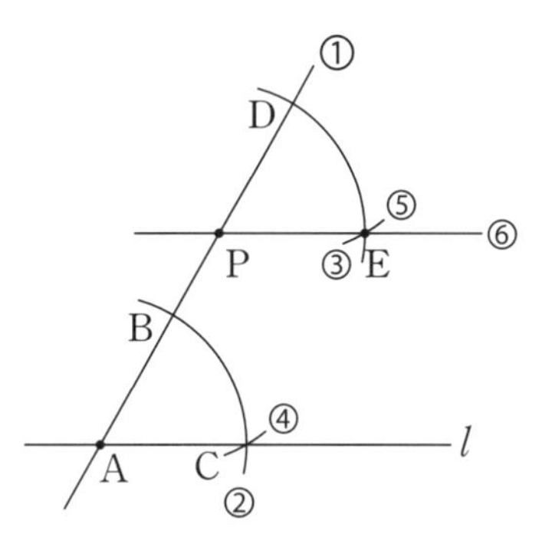

결국, $\overleftrightarrow{PE}$가 직선 l에 대한 평행선이 됩니다.

다음은 직선상의 점에서 그 직선에 수선을 세우는 작도입니다.

직선 l 위의 점 P를 지나는 수선을 작도해 보겠습니다. 우선

P를 중심으로 임의의 호를 하나 그립니다(①). 이때 직선 l과의 교점을 A, B라고 합시다. 점 A, B를 중심으로 동일한 반지름의 호를 각각 그린 후(②, ③), 두 호의 교점을 C라고 합시다. 마지막으로 점 P와 점 C를 연결합니다(④). $\overleftrightarrow{CP}$는 점 P를 지나면서 직선 l에 수선이 됩니다.

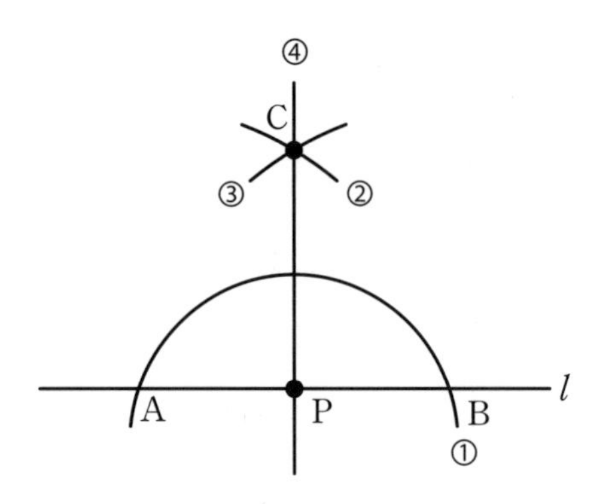

"네, 이제 작도가 뭔지 알 것 같아요. 그러고 보면 지난 두 번의 여행에서 등장한 작도 문제는 간단한 작도들이네요. 더 복잡한 작도 문제도 많을 것 같아요."

그렇죠. 전통적인 작도 문제 중에서 유명한 몇 가지의 예를 들자면, 아폴로니우스의 접촉 문제, 정다각형 작도 문제, 3대 작도 불가능 문제가 있습니다.

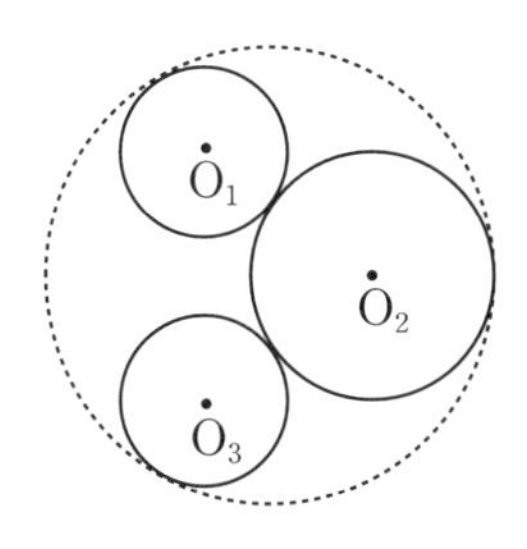

아폴로니우스 접촉 문제

아폴로니우스의 접촉 문제는 평면상에 임의의 세 원이 주어져 있을 때 세 원 모두에 접하는 또 다른 한 원을 찾는 문제입니다. 작도하는 방법은 상당히 어렵기 때문에 생략하겠습니다. 정다각형 작도 문제와 3대 작도 불가능 문제들은 아마 다음 여행지에서 만나게 될 것 같네요. 고대 그리스 시대에는 유명한 철학자, 수학자가 많이 살았던 시기랍니다. 세기의 석학을 만나는 것이 쉽게 생기는 기회는 아니니까 온 김에 여러 수학자를 만나고 가세요.

냥냥 군은 교과서에서만 보던 피타고라스, 플라톤, 아리스토텔레스, 유클리드 등 다양한 사람을 만났습니다. 특히 피타고라스에게서는 직각삼각형 모양의 돌멩이를 선물로 받고, 유클리드에게서는 그가 직접 쓴《유클리드 원론》이라는 책을 선물로 받았죠. 나의 명쾌한 설명을 듣고 냥냥 군은 매우 흡족해했답니다.

세 번째 그리스 여행에서는 작도를 할 때에는 왜 눈금 없는 자와 컴퍼스만을 이용하는지에 대해 설명했습니다. 다음 강의 때는 더욱 흥미로운 주제로 여러분과 수업하도록 하죠. 이상 마치겠습니다.

수업 정리

❶ 작도에서 눈금 없는 자와 컴퍼스를 사용한 것은 고대 그리스의 시대상이 반영된 결과입니다. 눈금 없는 자와 컴퍼스를 가지고는 측정할 수 없습니다.

❷ 평행선 작도 방법은 다음과 같습니다.

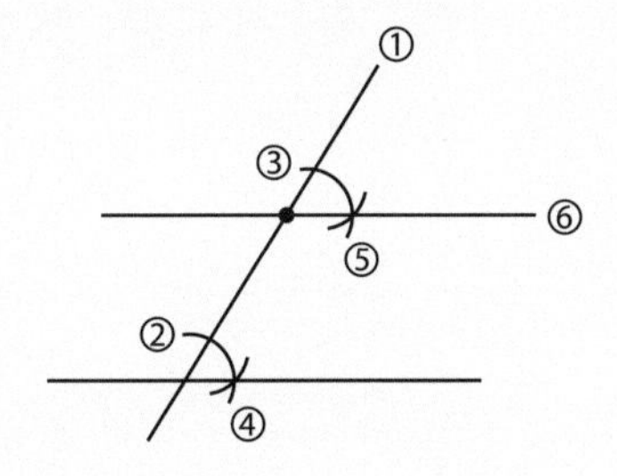

❸ 직선상의 점에서 그 직선에 수선을 세우는 작도 방법은 다음과 같습니다.

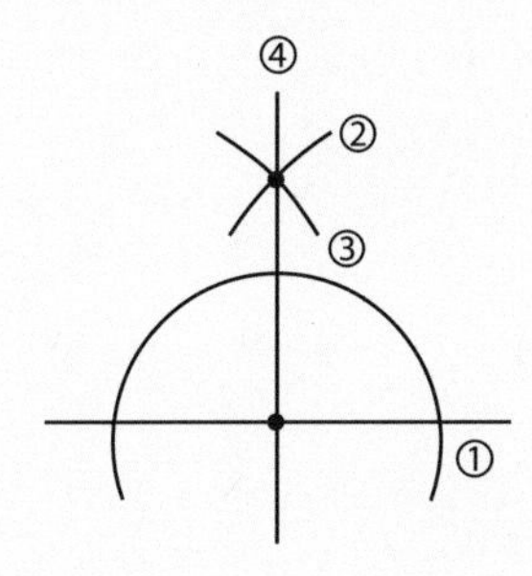

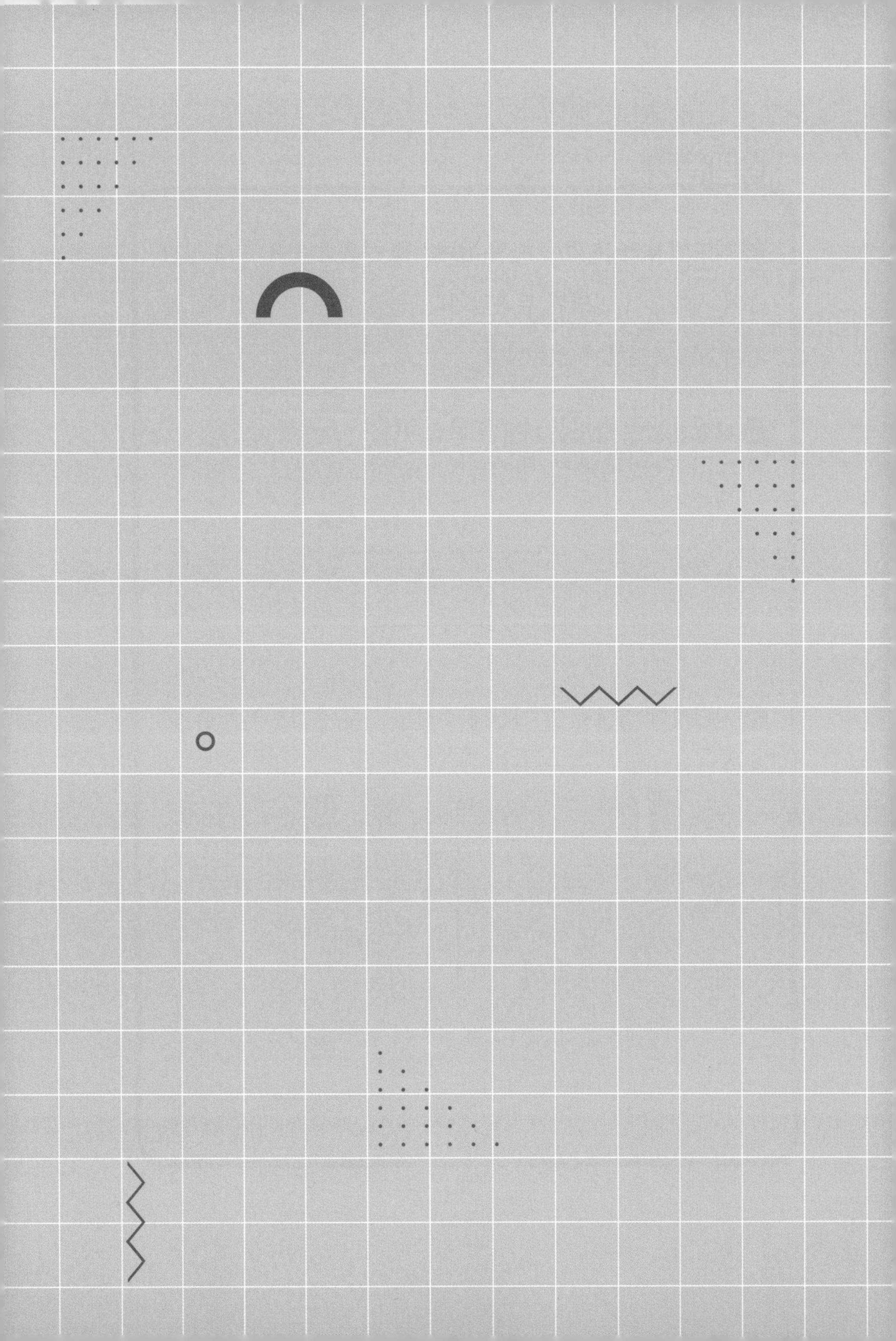

4교시

황금사각형, 은직사각형, 정다각형 작도

황금사각형과 은직사각형은 어떤 차이가 있을까요?
정다각형의 종류와 작도 방법을 알아봅시다.

수업 목표

1. 황금사각형과 은직사각형이 어떤 도형인지 정의를 알고 작도할 수 있습니다.
2. 정다각형의 종류에 대해 살펴보고 작도 가능한 정다각형들을 작도해 봅니다.

미리 알면 좋아요

1. **직사각형** 네 각의 크기가 모두 같은 사각형.
우리 주변에서 직사각형은 쉽게 찾아볼 수 있습니다. 컴퓨터 모니터, 공책, 책, 스피커, 책상, 액자, 텔레비전 등등 너무나 많은 직사각형과 함께 생활하고 있답니다.

2. **정다각형** 모든 각의 크기가 같고 모든 변의 길이가 같은 다각형.
가장 간단한 모양의 정다각형은 정삼각형입니다. 세 변의 길이가 같고, 세 각의 크기가 같으니까요. 이외에도 정사각형, 정오각형, 정육각형 등등 무수히 많은 정다각형을 만들어 낼 수 있습니다. 그렇다면 정120각형도 존재할까요? 물론 가능합니다. 변의 개수가 많으면 많을수록 정다각형은 원에 가까워집니다.

히포크라테스의 네 번째 수업

벌써 여러분과의 강의도 절반을 지나왔네요. 오늘 냥냥 군과의 네 번째 여행을 소개할까 합니다. 이번 여행지는 19세기 프랑스 화가 쇠라와 네델란드 화가 에스허르의 화실입니다. 냥냥 군이 다시 나를 만나러 온 날은 냥냥 군이 가족들과 함께 〈클리블랜드 미술관 한국 특별전〉을 관람하기 위해 예술의전당을 찾았던 날이죠.

냥냥 군! 또다시 만나는군요. 그런데 윽, 냄새! 여긴 화장실이잖아요? 여기서 왜 나를 불렀나요?

"안녕하세요. 선생님. 저 사실 가족과 함께 미술관 관람을 왔는데요. 전시되어 있는 그림들을 보면서 그림을 그린 화가와 직접 대화하고 명화를 그리는 순간에 같이 있고 싶다는 생각이 들어서요. 선생님은 저를 위대한 명작을 그려 낸 화가들과 만나도록 해 주실 거죠? 이왕이면 직접 명작이 탄생하고 있는 순간을 직접 눈으로 보고 싶어요."

허허, 그랬군요. 만나게 하는 거야 어렵지 않죠. 워낙 유명한 화가가 많아서 누굴 소개해 줘야 하나? 냥냥 군은 이번 전시회에서 누구의 그림이 제일 마음에 와닿던가요? 냥냥 군이 좋아하는 화가의 작업실로 떠나 보는 게 좋을 것 같은데…….

"글쎄요. 저도 갑작스럽게 든 생각이라. 그냥 오늘 전시회의 느낌이 전부 좋았어요."

그렇다면 오늘 전시회 그림들의 작가가 살았던 19세기로 가 볼까요?

우리가 도착한 곳은 프랑스 파리에 살던 화가 쇠라의 화실이었습니다. 쇠라는 캔버스 앞에서 고민하고 있었죠. 쇠라는 지금까지 여러 그림을 그렸지만 완벽한 직사각형 구도를 가진 그림을 그리고 싶어 하는 눈치였어요. 누가 봐도 매력적이고 아름다운 형태를 가진 직사각형. 캔버스의 비율과 전체 그림에서도 가장 아름다운 직사각형의 비율을 부분 구도로 가지는 그림을 그리고 싶었지만 구체적인 수치를 알지 못해 멍하니 캔버스만 바라보다가 머리를 쥐어뜯다가를 반복하고 있었습니다. 캔버스를 이리저리 잘라서 서로 다른 직사각형 모양의 캔버스를 두고 고민하고 있었죠.

우리가 저 쇠라의 고민을 함께 해결해 주도록 하죠. 냥냥 군은 네 개의 캔버스 중에서 어느 것이 가장 안정감 있고 매력적인 직사각형이라고 생각하나요?

"네? 직사각형을 보면 그냥 직사각형이라고 생각하는 거지, 가장 매력적인 직사각형은 또 뭐예요?"

그렇다면 눈을 감아 보세요. 눈을 감고 직사각형이라는 말을 떠올렸을 때 떠오르는 모양이 몇 번 캔버스와 유사한 모양인가요?

"흠, ②번 캔버스요."

그렇죠. 1876년에 독일 심리학자인 구스타프 페히너Gustav Fechner 씨가 직사각형에 대한 사람들의 취향을 연구 조사한 결과 조사에 응한 사람 중 35%가 ②번 캔버스의 직사각형을 선택했다는군요. 우리 같이 화가가 고민하고 있는 캔버스를 정확하게 작도하는 방법을 연구해 봅시다.

이 ②번 캔버스와 같은 가로세로비를 가진 건축물과 회화, 조각품은 여러 곳곳에서 찾아볼 수 있답니다. 이를 매혹적인 직사각형이라고 불러 봅시다.

파르테논 신전

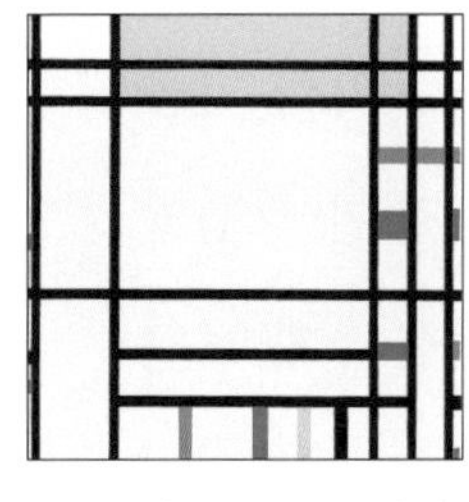

몬드리안 〈콩코르드 광장〉

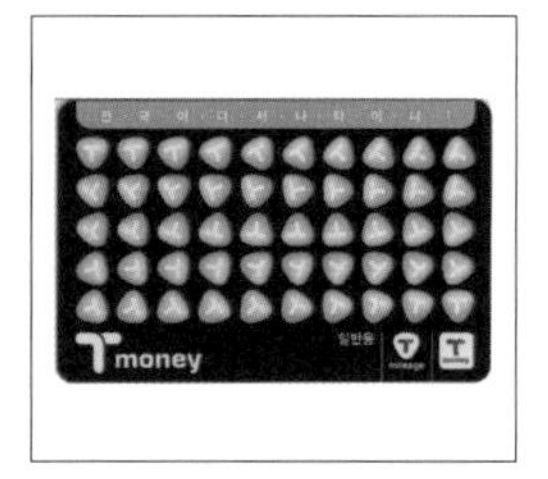

교통카드

파르테논 신전은 부서진 지붕 모양을 복원했을 경우 가로세로 길이 비가 매혹적인 직사각형과 일치합니다. 몬드리안의 작품 속에도 점선으로 된 세 개의 매혹적인 직사각형이 포함되어 있고, 우리가 흔히 사용하는 교통카드나 신용카드의 규격 역시 매혹적인 직사각형입니다. 이밖에도 흔히 볼 수 있는 액자, 창문, 십자가, 명함, 캔버스, 사진 등등 대부분 실생활에서 볼 수 있는 직사각형들은 이 매혹적인 직사각형의 규격을 따르는 경우가 많습니다.

이처럼 눈에 아름답고 매혹적으로 보이는 직사각형은 분명 동일한 가로세로비를 가지고 있다는 것을 눈치챘을 텐데요. 도대체 정확하게 가로세로비가 어떠할 때 우리 눈에 가장 아름다운 직사각형으로 보일까요?

바로 직사각형에서 짧은 변을 한 변의 길이로 하는 정사각형을 잘라내고 남은 부분 역시 처음 직사각형과 동일한 비율이 성립할 때 우리 눈에 가장 아름답게 보입니다. 다시 말해서, 가로의 길이 ϕ 파이, 세로의 길이 1인 직사각형($1<\phi$)에서 한 변의 길이가 1인 정사각형을 제거하고 남은 직사각형의 짧은 변과 긴 변의 길이 비율이 $1:\phi$가 되어야 합니다.

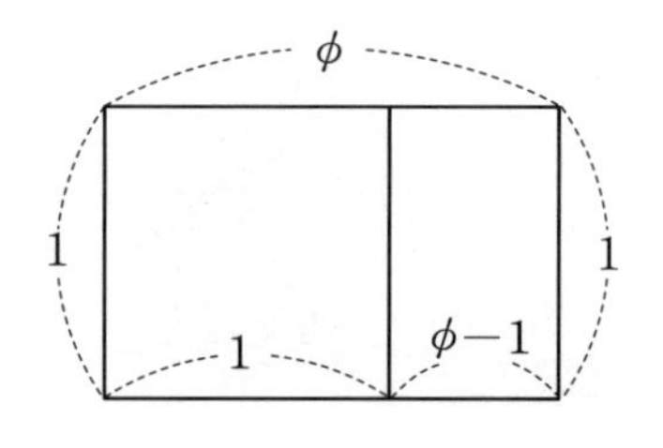

즉, 식으로 표현하면 $\phi:1=1:\phi-1$입니다. 비례식을 방정식으로 고치는 것은 초등학교 때 배우지요? 내항은 내항끼리 외항은 외항끼리 곱한 값이 같음을 이용하면 $\phi^2-\phi=1$이 됩니다. 이를 만족하는 ϕ의 값을 구하기 위해서는 이차방정식❹ 풀이법을 알아야 합니다. 냥냥 군이 중학교 3학년 과정에서 배우는 거지요. 어려우니까 생략하겠습니다.

메모장

❹ 이차방정식 최고차항의 차수가 2차인 방정식으로 일반적으로 꼴로 표현된다. $ax^2+bx+c=0(a\neq0)$

식을 풀면 $\phi=\frac{1+\sqrt{5}}{2}$라는 값이 나오게 됩니다. 이는 약 1.618 정도의 값에 이릅니다. 결국 짧은 변과 긴 변의 길이 비가 약 1.618이 되는 직사각형을 사람의 눈은 가장 아름답다고 인식하게 됩니다. 예로부터 건축물과 회화에도 이 비율이 적용되어 왔습니다. 고대 사람들은 이 수치를 계산하고 건축물을 지은 것인지 아니면 대충 눈으로 짐작한 것인지 알 수 없지만 동서고금을 막론하고 인류가 아름답다고 느끼는 직사각형은 공통된다는 것이 신기할 따름입니다. 이러한 비를 만족하는 직사각형을 황금사각형이라고 부릅니다. 또한 인간의 눈이 가장 아름답게 느끼는 두 선분의 비율, 즉 1:1.618을 황금비라고 부르죠.

레오나르도 다빈치의 〈비트루비우스적 인간〉이라는 스케치를 살펴보면 인체에 나타난 황금비를 찾아볼 수 있습니다. 이 그림에 따르면 이상적인 인간은 배꼽 위로의 상반신에서 어깨, 배꼽 아래로의 하반신에서 무릎, 어깨 위에서의 코가 인체를 황금비로 나누는 지점이라고 말하고 있습니다. 어때요? 인체에서 나타나는 황금비가 신기하죠?

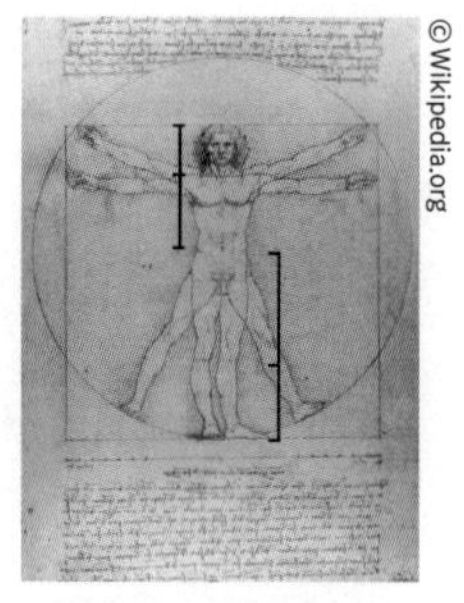

비트루비우스적 인간

또 세 번째 여행에서 피타고라스라는 수학자를 잠깐 만난 적이 있습니다. 피타고라스학파에서는 정오각형 안에 별이 내접하는 형상을 학파의 상징으로 삼았는데요. 정오각형별에서도 정오각형 한 변의 길이와 별의 한 변의 길이가 약 1:1.618, 즉 황금비를 이루고 있습니다.

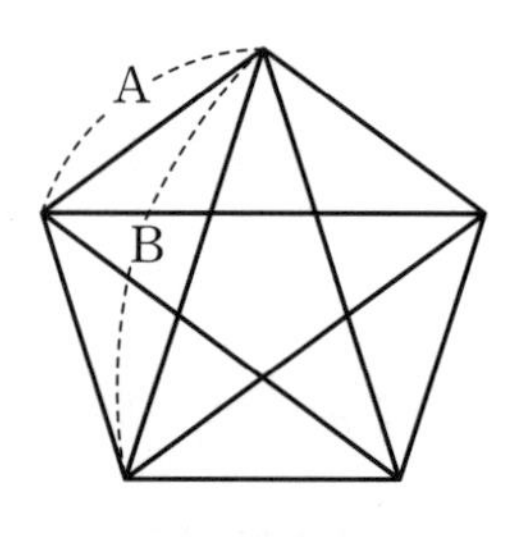

정오각형별
A:B=1:1.618

"지금까지 무심히 지나쳤던 미술 작품과 건축물에도 수학이 숨어 있었네요. 선생님, 황금사각형 모양의 캔버스를 정확하게 만들어서 화가님의 고민을 덜어 줘야 되지 않을까요?"

네. 물론이죠. 그럼 이제 황금사각형을 만들어 보겠습니다. 사실 황금사각형의 작도를 완벽하게 이해하기 위해서는 피타고라스의 정리와 무리수를 알고 있어야 한답니다. 다음에 냥냥군이 중학교 3학년이 되었을 때, 선생님의 설명 중에 생략된 부분을 채워 넣을 수 있을 겁니다.

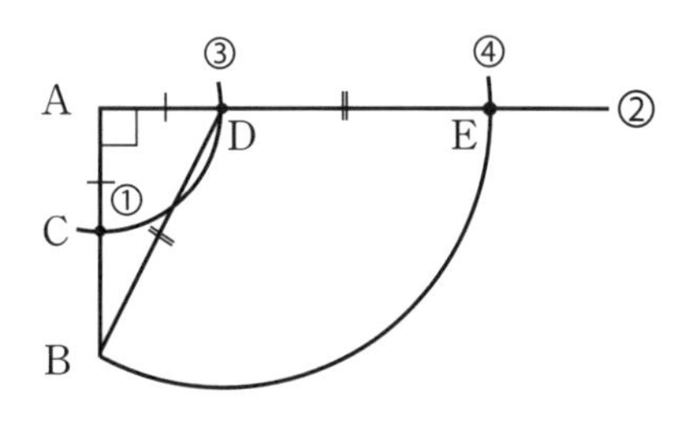

첫째, 짧은 변($\overline{AB}$)이 주어졌을 때 황금사각형을 작도해 봅시다. 먼저 선분의 수직이등분선 작도를 이용하여 $\overline{AB}$의 중점(점C)을 찾습니다(①). 직선 위의 한 점에서 긋는 수선 작도법을 이용하여 점 A를 지나고 $\overline{AB}$에 수직인 직선을 하나 긋습니다(②). 이 직선과 점 A를 중심으로 하고 반지름이 $\overline{AC}$인 호(③)의 교점을 D라고 합시다. 컴퍼스를 이용하여 $\overline{BD}$를 반지름으로 하는 호를 점 D를 중심으로 그리고(④), $\overrightarrow{AD}$와 호의 교점을 E라고 합니다. 자, 짧은 변 $\overline{AB}$와 긴 변 $\overline{AE}$가 결정되었으므로 이를 이용하여 직사각형을 완성하면 됩니다. 직선상의 점에서의 수선 긋기 작도법을 사용하면 완성할 수 있겠죠? 직사각형의 나머지 한 점을 F라 하면 직사각형 ABFE가 완성됩니다. 이때 세로 길이와 가로 길이의 비가 정확하게 $1:\frac{1+\sqrt{5}}{2}$입니다.

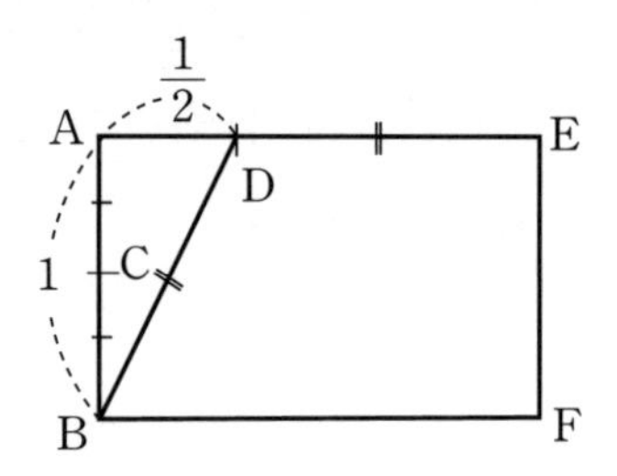

위의 비가 나오는 과정을 냥냥 군의 누나와 형을 위해 간략히 소개해 보겠습니다. 어려우면 그냥 지나쳐도 상관없습니다.

위 그림에서 $\overline{AB}$의 길이를 1이라고 하면 $\overline{AD}$의 길이는 $\frac{1}{2}$이 됩니다. 피타고라스 정리에 의해 다음과 같습니다.

$$\overline{BD}^2=1^2+\left(\frac{1}{2}\right)^2=\frac{5}{4}$$
$$\overline{BD}=\frac{\sqrt{5}}{2}$$

따라서 $\overline{AE}$의 길이는 $\frac{1+\sqrt{5}}{2}$입니다.

둘째, 긴 변($\overline{AB}$)이 주어졌을 때 황금사각형을 작도해 봅시다.

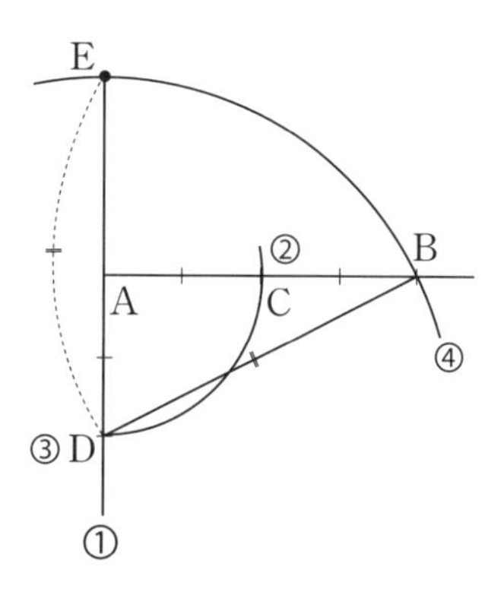

먼저, 점 A를 지나고 $\overline{AB}$의 수선을 작도합니다(①). 다음은 선분의 수직이등분선 작도를 이용하여 $\overline{AB}$의 중점점 C을 찾습니다(②). $\overline{AB}$의 수선과 점 A를 중심으로 하고 반지름이 AC인 호(③)의 교점을 D라고 합시다. 컴퍼스를 이용하여 $\overline{BD}$를 반지름으로 하는 호를 점 D를 중심으로 그리고(④), $\overleftrightarrow{AD}$와 호의 교점을 E라고 합니다. 자, 짧은 변($\overline{AE}$)과 긴 변($\overline{AB}$)이 결정되었으므로 이를 이용하여 직사각형을 완성하면 됩니다.

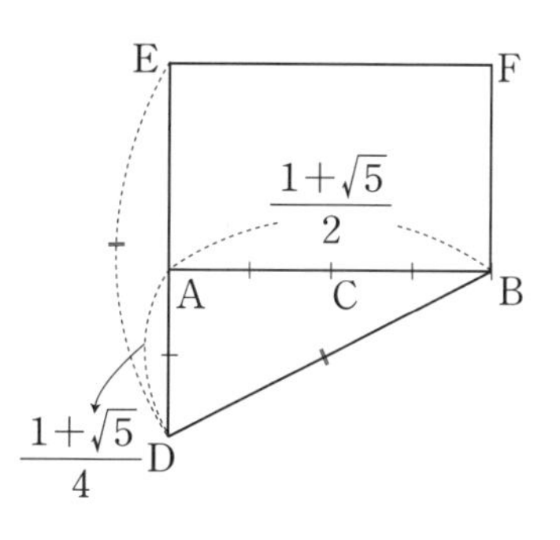

위와 동일한 방법으로, 직사각형의 나머지 한 점을 F라 하면 직사각형 ABFE가 완성됩니다. 여기에서 세로 길이와 가로 길이의 비는 얼마일까요? 네, 당연히 황금사각형이니까 $1:\frac{1+\sqrt{5}}{2}$겠죠?

$1:\frac{1+\sqrt{5}}{2}$라는 비가 나오는 과정을 냥냥 군에게 간단히 설명하겠습니다. $\overline{AB}$의 길이를 $\frac{1+\sqrt{5}}{2}$라고 할 때, $\overline{AD}$의 길이는 $\frac{1+\sqrt{5}}{4}$가 됩니다. 피타고라스의 정리에 의해 다음과 같습니다.

$$\overline{BD}^2=\left(\frac{1+\sqrt{5}}{2}\right)^2+\left(\frac{1+\sqrt{5}}{4}\right)^2=\frac{30+2\sqrt{125}}{16}$$

$$\overline{BD}=\frac{5+\sqrt{5}}{4}\text{, 여기서 }\overline{BD}=\overline{DE}\text{이므로,}$$

$$\overline{DE}=\frac{5+\sqrt{5}}{4}$$

$$\overline{AE}=\overline{DE}-\overline{AD}=\frac{5+\sqrt{5}}{4}-\frac{1+\sqrt{5}}{4}=1$$

따라서 짧은 변과 긴 변의 길이 비가 $1:\frac{1+\sqrt{5}}{2}$이 됩니다.

"선생님, 조금 어려운데요? 중학생이 되면 완벽하게 이해할 수 있을 것 같아요. 그런데 황금사각형이 가장 매력적인 직사각형이라는 것에 동의하지 못하겠어요."

물론 그럴 수도 있습니다. 황금사각형을 가장 매력적이라고 하는 것은 아마도 황금사각형의 가로세로비, 즉 황금비가 자연에서 많이 볼 수 있는 형태이기 때문에 그럴 겁니다. 앞에서 설명했다시피 황금비는 그 안에서 계속 동일한 비의 형태를 복제

해 내기 때문에 자연에서 그 닮은꼴을 찾아볼 수 있습니다. 개미의 경우 머리와 가슴, 가슴과 배가 황금비로 이루어져 있고, 솔방울과 해바라기씨의 배열, 나무가 자랄 때 가지가 뻗는 방식, 앵무조개의 나선 모양, 산양의 뿔 모양 등등이 모두 황금비와 관계가 있습니다. 식물, 동물계를 통틀어 황금비를 찾는 것은 어렵지 않고, 생물계의 일부인 인체에서도 황금비를 쉽게 찾아볼 수 있습니다.

이처럼 계속해서 자기 복제를 할 수 있는 황금비, 또 이 황금비를 가지고 있는 황금사각형이 여러 자연 현상에서 찾아낼 수 있기에 '황금'이라는 수식어가 붙지 않았나 생각이 드네요. 황금비에 대해 좀 더 정확하게 알고 싶다면《피보나치가 들려주는 피보나치 수열이야기》를 참고하세요.

직사각형에 대해서 알아 본 김에 하나만 더 살펴보도록 하죠. 냥냥 군이 많이 쓰고 있는 B4 용지는 황금사각형일까요?

"그렇지 않나요? 위의 그림들과 B4 용지는 비슷하게 생겼는걸요?"

음, 닮긴 했지만 B4 용지는 황금사각형이 아닙니다. B4 용지는 반으로 자르면 B5가 되지요. B4 용지와 B5 용지는 닮음입니다. 즉, B4와 B5는 가로세로비가 같다는 이야기죠. 이렇게 한 직사각형을 반으로 잘랐을 때, 잘린 직사각형이 원래의 직사각형과 닮음인 직사각형을 은직사각형이라고 부릅니다. 다음 그림에서 직사각형의 가로세로의 길이를 각각 2, x라고 할 때, 반으로 자른 직사각형의 가로세로의 길이, 즉 x, 1과 길이 비가 같아야 합니다. $2:x=x:1$이고 이 비례식을 풀면 $x^2=2$라는 이차방정식이 나옵니다. 이를 만족하는 $x=\sqrt{2}$가 되는데 x의 값이 무리수로 나오는군요. 결국, 은직사각형은 가로 세로의 길이 비가 항상 $\sqrt{2}:1$이 성립됩니다. 말이 나온 김에 은직사각형도 작도해 볼까요?

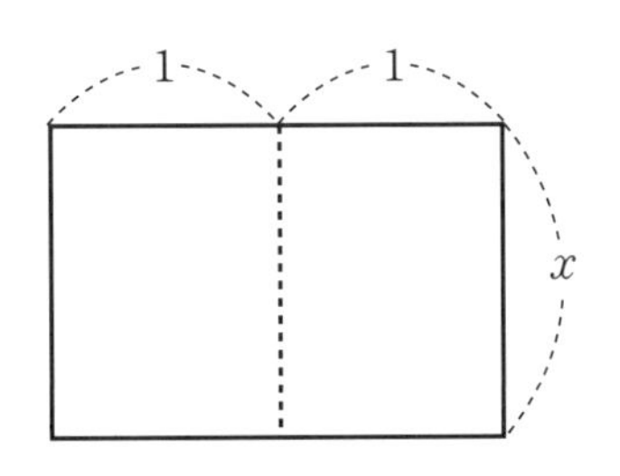

사실 $\sqrt{2}$의 길이 작도법만 알면 은직사각형을 쉽게 그릴 수 있습니다. 길이가 1인 정사각형의 대각선의 길이가 $\sqrt{2}$입니다.

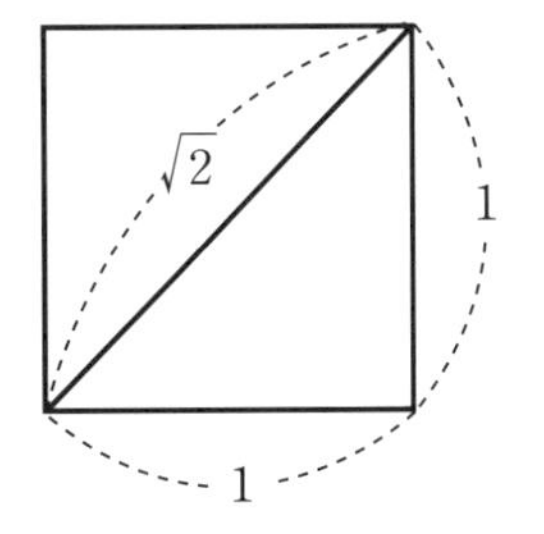

우선 $\overline{AB}$를 그립니다(①). 점 B에서 $\overline{AB}$에 수직인 직선 l을 그립니다(②). 그리고 직선 l 위에 점 C가 오도록 정사각형 ABCD를 그립니다(③). 점 B를 중심으로 대각선 $\overline{BD}$길이를 갖는 호를 그려 직선 l과의 교점을 E라고 합니다(④).

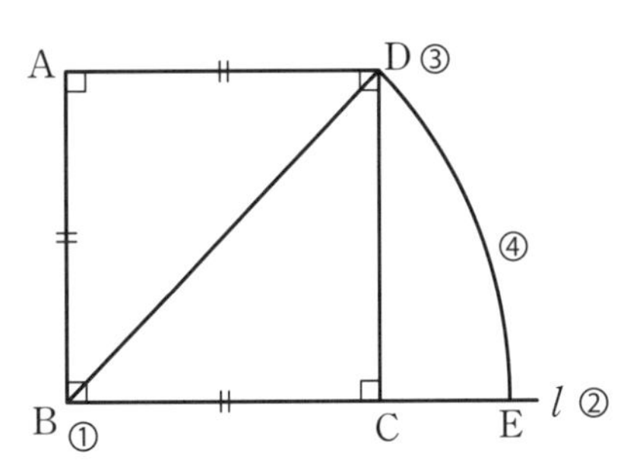

$\overline{AB}$와 $\overline{BE}$를 세로, 가로의 길이로 갖는 직사각형 ABEF를 그립니다(⑤). 직사각형 ABEF가 은직사각형이 됩니다.

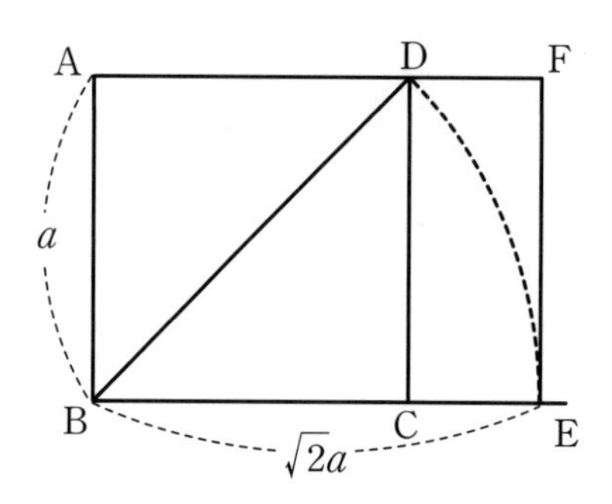

옆에 있는 쇠라 화가가 잠들면 우리가 지금까지 이야기했던 것을 꿈속에서 전달합시다. 아마 쇠라는 잠에서 깨고 나면 멋진 그림을 완성할 거예요.

이때 쇠라는 캔버스 앞에서 한동안 고민하다가 옆에 있던 소파로 가서 낮잠을 자고 있었습니다. 쇠라의 꿈속에 찾아 들어간 나는 꿈속의 쇠라에게 황금사각형에 대한 설명을 친절하고도 자세하게 해 주었습니다. 꿈에서 영감을 얻은 쇠라는 훗날 황금사각형의 비율을 적절하게 넣어서 그린 〈서커스 사이드쇼〉라는 작품을 완성하게 되었습니다.

이 작품에서 □BEIH, □ACJF, □BDKL은 모두 황금사각형입니다.

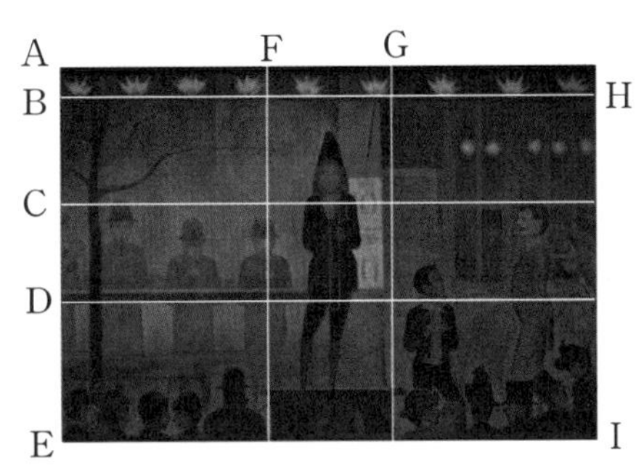

쇠라 〈서커스 사이드쇼〉

"선생님, 이 그림 너무 멋있는 것 같아요. 세세하게 점을 찍어서 가스등 조명 아래에서 연주하는 소년의 모습이 감미롭고 은은한 노랫소리가 들리는 것처럼 생생해요."

그렇군요. 우리가 하나의 명작이 탄생하는 순간에 함께했다는 것은 집에 돌아가서도 오래 기억에 남을 것 같군요.

이왕 여행 온 김에 또 다른 화가를 한 명 더 방문해 보는 것도 좋을 것 같군요.

다음에 도착한 곳은 1943년 네덜란드의 어느 화실이었습니다. 에스허르 역시 새로 그릴 그림에 대해 계속 고민하고 있었죠. 에스허르는 특별히 수학 교육을 받았다고 전해지진 않으나 지금까지의 작품에는 수학적 개념이 녹아 있는 것이 많습니다. 이번에 에스허르가 그리고 싶은 작품은 정다각형 구도가 적절히 배치된 그림이었습니다.

에스허르가 정다각형 구도를 이용한 또 하나의 명작을 그리려나 봅니다. 이번에도 에스허르의 꿈속에서 우리가 조금 영감을 주는 건 어떨까요?

"그런데 선생님, 정다각형이 무엇인가요?"

정다각형은 각 변의 길이가 같고 각 내각의 크기가 같은 다각형을 뜻합니다. 이를 테면 정삼각형과 같은 것을 말하죠. 정다각형 중에서는 눈금 없는 자와 컴퍼스만으로 작도가 가능한 정다각형이 있답니다. 냥냥 군은 작도할 수 있는 정다각형이 있나요?

"흠, 정삼각형과 정사각형은 작도할 수 있을 것 같아요."

그럼 정삼각형과 정사각형은 냥냥 군이 직접 설명해 볼까요?

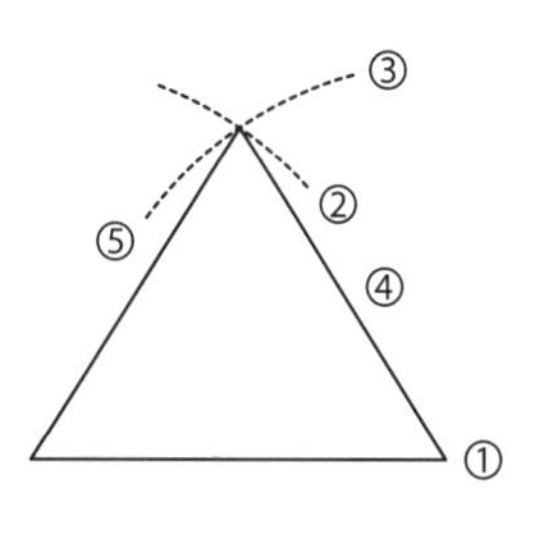

"정삼각형은 임의의 한 변을 그리고 (①), 그 변의 양 끝점에서 각각 길이가 같은 호를 하나씩 그립니다(②, ③). 그리고 두 호의 교점과 처음 변의 양 끝점을 이으면 되지 않을까요(④, ⑤)?"

네, 설명이 간단명료하고 명쾌하군요. 그럼 정사각형의 작도법은 어떻게 될까요?

"음, 먼저 임의의 $\overline{AB}$를 긋고(①), 점 A를 지나면서 $\overline{AB}$에 수직인 직선 l을 그립니다(②). 점 A를 중심으로 반지름이 $\overline{AB}$인 호를 그리고 직선 l과 호의 교점을 점 C라고 합니다. 마찬가지 방법으로 점 B를 지나고 $\overline{AB}$에 수직인 직선 위에 $\overline{AB}$와 같은 길이의 점 D를 찾습니다(③). 마지막으로 점 C, D를 연결하면 정사각형 ABDC가 완성됩니다."

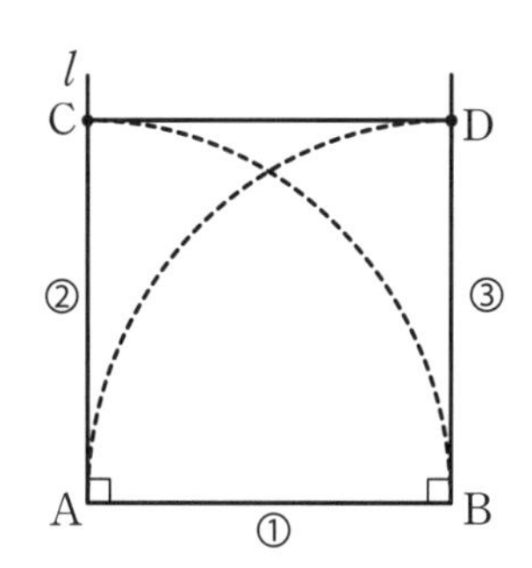

냥냥 군이 시간 여행을 하면서 작도에 대해서는 척척박사가 되어 가네요. 그럼 정오각형의 작도는 어떻게 될까요? 여기서부터는 선생님과 함께 생각해 보기로 하자고요.

정오각형을 작도하는 방법은 크게 두 가지 정도로 나누어 볼 수 있습니다.

첫째, 일정한 원 안에 내접하는 정오각형의 작도

둘째, 한 선분의 길이가 주어졌을 때의 정오각형의 작도

둘 다 작도해 보도록 하겠습니다.

우선 쉬운 것부터 할까요?

일정한 원 안에 내접하는 정오각형을 작도하겠습니다.

첫 번째 방법은 지난 여행에서 만난 피타고라스가 찾아낸 작도 방법이며, 이 작도법을 찾아내고 기뻤던 나머지 앞에서 설명한 것처럼 정오각형 별을 피타고라스학파의 상징으로 썼습니다.

① 일정한 반지름의 원을 그리고 원의 지름과 원점에 수직인 반지름을 긋습니다.

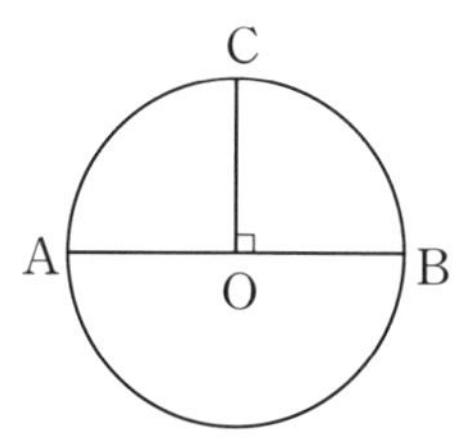

② 반지름 $\overline{OB}$의 중점을 D라 하고, 점 D를 중심으로 반지름이 $\overline{DC}$인 호를 그려 지름 $\overline{AB}$와의 교점을 E라고 합시다.

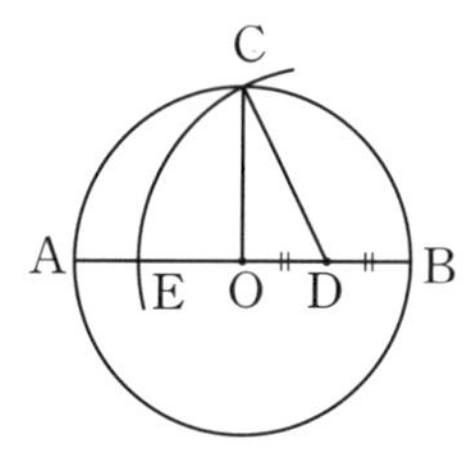

③ 점 C를 중심으로 하고 반지름을 $\overline{CE}$로 하는 호를 그려 원 O와의 교점을 F라고 합시다.

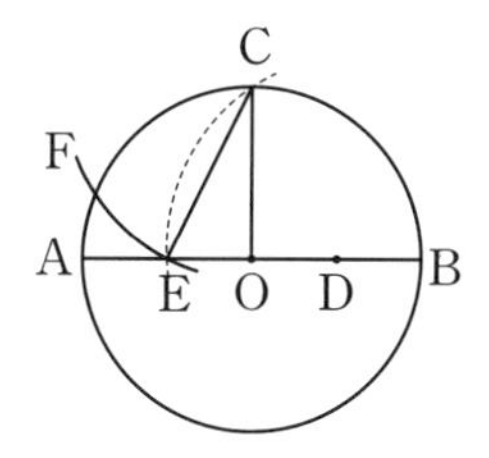

④ $\overline{CF}$와 같은 길이를 원둘레 위에 연속해서 찍으면 원둘레는 정확하게 5등분이 됩니다. 이 5등분점의 각각을 연결하면 정오각형이 완성됩니다.

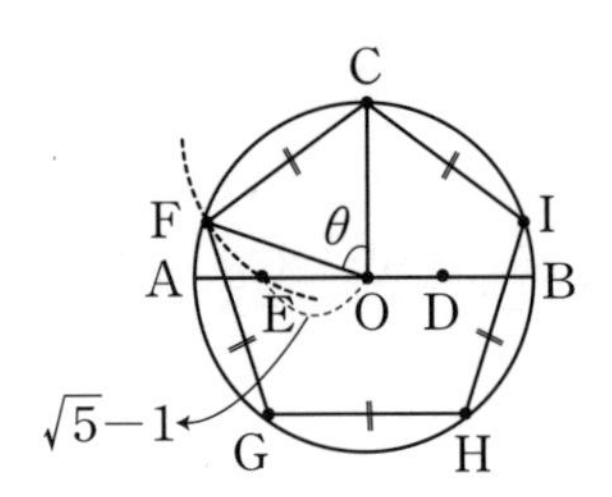

그럼 이쯤에서 의문이 생길 수도 있습니다. 정오각형이 되기 위해서는 위의 그림에서 $\angle COF=72^\circ$가 되어야 하는데 과연 그러할까에 대한 것이겠죠. 삼각함수를 이용해서 설명을 해야 할 텐데요. 이 부분도 냥냥 군이 이해하기는 좀 어려울 듯하네요.

$\cos 72^\circ$의 값을 구해서 ④번의 $\cos\theta$의 값과 비교해 볼 것입니다.

원의 반지름을 2라고 두겠습니다. $\overline{OD}$의 길이는 1이 되고, 피타고라스 정리에 의해 $\overline{CD}^2=1^2+2^2=5$, $\overline{CD}=\sqrt{5}$가 됩니다.

$$\therefore \overline{EO}=\overline{ED}-\overline{OD}=\sqrt{5}-1$$

다시 피타고라스 정리에 의해, $\overline{\mathrm{CE}}^2=(\sqrt{5}-1)^2+2^2=10-2\sqrt{5}$

$\Rightarrow \overline{\mathrm{CE}}=\sqrt{10-2\sqrt{5}}$

$\Rightarrow \overline{\mathrm{CE}}=\overline{\mathrm{CF}}=\sqrt{10-2\sqrt{5}}$이고

코사인 제2법칙[6]을 사용하면 다음과 같이 됩니다.

메모장

[6] 코사인 제2법칙 △ABC에서 변의 길이를 각각 a, b, c라고 할 때, $\cos A=\frac{b^2+c^2-a^2}{2bc}$이다.

$$\cos\theta=\frac{2^2+2^2-(\sqrt{10-2\sqrt{5}})^2}{2\times2\times2}=\frac{8-10+2\sqrt{5}}{8}=\frac{\sqrt{5}-1}{4}$$

그렇다면 $\cos 72^\circ=\frac{\sqrt{5}-1}{4}$이면 되겠군요. 72°는 특수각이 아니라서 계산해 봐야 합니다. 다음 삼각형의 닮음을 이용하여 $\cos 72^\circ$를 구해 보도록 하겠습니다.

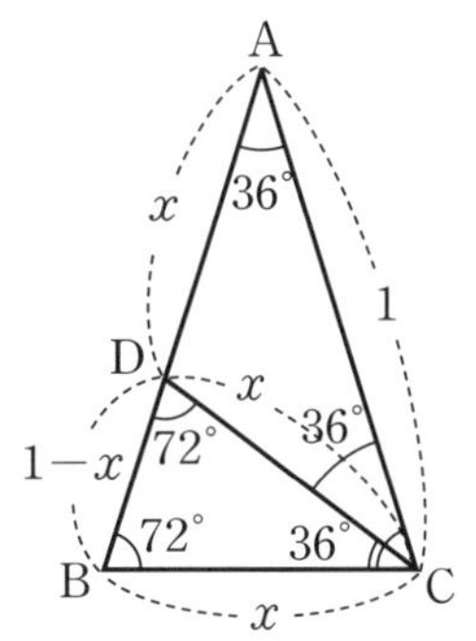

삼각형 ABC와 삼각형 CDB는 두 밑각이 72° 나머지 한 각이 36°인 이등변삼각형으로 닮음입니다. 삼각형 ABC의 두 변을 1, 나머지 한 변의 길이를 x라고 가정합시다.

△ABC와 △CDB와 닮음이므로,

$1:x=x:1-x$

$\Rightarrow x^2=1-x$가 됩니다.

x에 관한 이차방정식을 풀면 $x=\frac{-1+\sqrt{5}}{2}$가 되므로 코사인 제2법칙에 의해서 다음과 같습니다.

$$\cos 72^\circ=\frac{x^2+1^2-1^2}{2x}=\frac{x}{2}=\frac{\sqrt{5}-1}{4}$$

따라서 ④번의 다각형에서 $\theta=72^\circ$입니다. 그러면 다각형 CFGHI는 정오각형이군요.

다음은 한 선분이 주어졌을 때 정오각형을 작도해 보겠습니다.

① $\overline{\mathrm{AB}}$를 긋습니다.

A ⊢———⊣ B

② $\overline{\mathrm{AB}}$의 중점을 O라 하고, $\overline{\mathrm{AB}}=\overline{\mathrm{OD}}$가 될 수 있도록 $\overline{\mathrm{AB}}$의 수직이등분선을 긋고 점 D를 잡습니다.

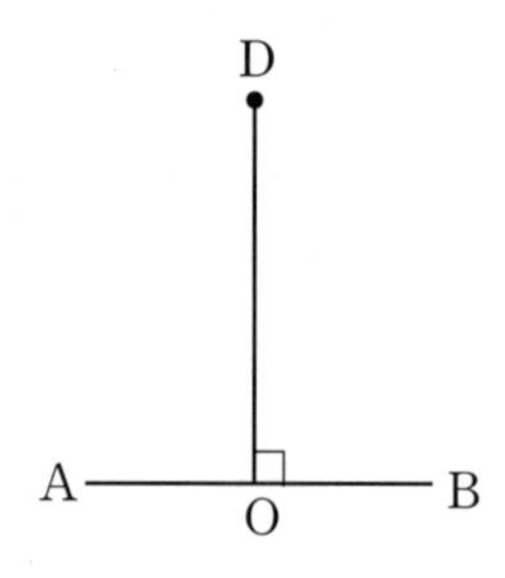

③ $\overline{AD}$의 연장선 위에 $\overline{CD}=\frac{1}{2}\overline{AB}$가 되도록 점 C를 잡습니다.

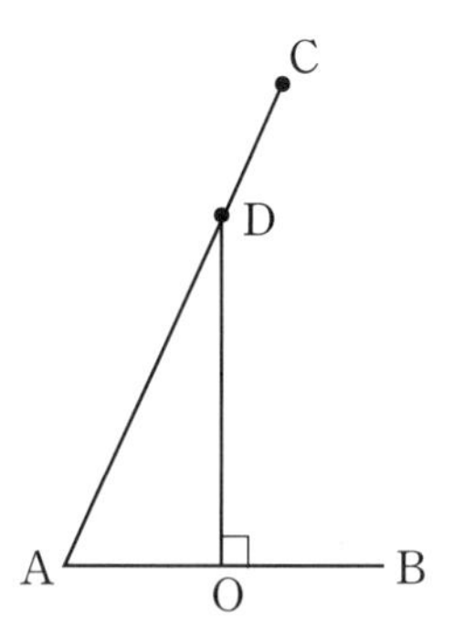

④ 점 A를 중심으로 반지름이 $\overline{AC}$인 호를 그리고 $\overline{OD}$의 연장선과 만나는 교점을 E라고 합시다. 이때 점 E는 정오각형의 하나의 꼭짓점이 됩니다.

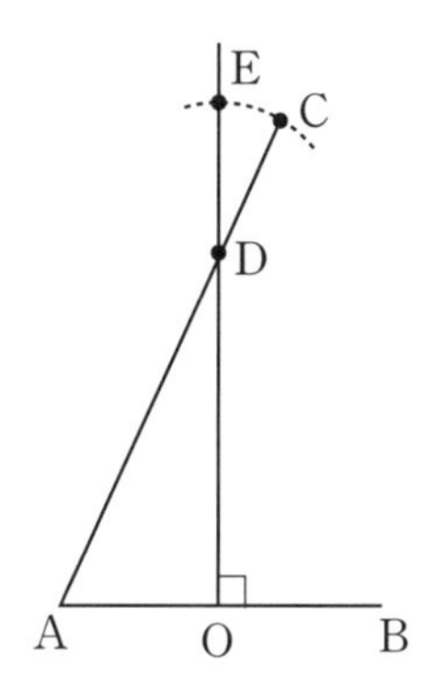

⑤ 점 A, 점 B, 점 E를 중심으로 반지름이 $\overline{AB}$인 원을 그려서 교점 F, G를 구하면 F, G가 정오각형의 나머지 꼭짓점이 됩니다. 따라서 다각형는 EFABG는 정오각형이 됩니다.

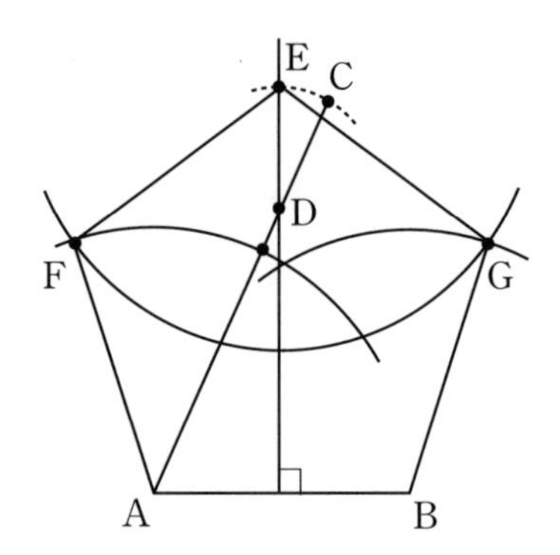

위의 정오각형 작도법은 정오각형의 한 변의 길이와 대각선의 길이가 황금비를 이룬다는 사실을 이용한 작도법입니다.

즉, 한 변의 길이 : 대각선의 길이 $=1:\frac{1+\sqrt{5}}{2}$가 되어야겠죠.

정말 그런지 바로 확인 들어가겠습니다.

$\overline{AB}$의 길이를 1이라고 하면,

$\overline{AD}^2=1^2+\left(\frac{1}{2}\right)^2=\frac{5}{4}$

$\Rightarrow \overline{AD}=\frac{\sqrt{5}}{2}$이고

$\overline{AC}=\frac{\sqrt{5}}{2}+\frac{1}{2}=\frac{1+\sqrt{5}}{2}$
$\Rightarrow\overline{AE}=\overline{AC}=\frac{1+\sqrt{5}}{2}$

즉, $\overline{AB}:\overline{AE}=1:\frac{1+\sqrt{5}}{2}$가 됩니다.

따라서 다각형 EFABG는 정오각형입니다.

정육각형은 정오각형보다 더 쉽게 작도할 수 있습니다. 정육각형은 중심에서 각 꼭짓점에 선분을 연결하여 여섯 조각으로 나누면 각 조각이 모두 정삼각형이 됩니다. 정삼각형을 작도할 수 있으면 정육각형도 쉽게 작도할 수 있을 겁니다.

먼저 원 안에 내접하는 정육각형을 작도하겠습니다.

① 원을 하나 그리고, 지름 AB를 긋습니다.

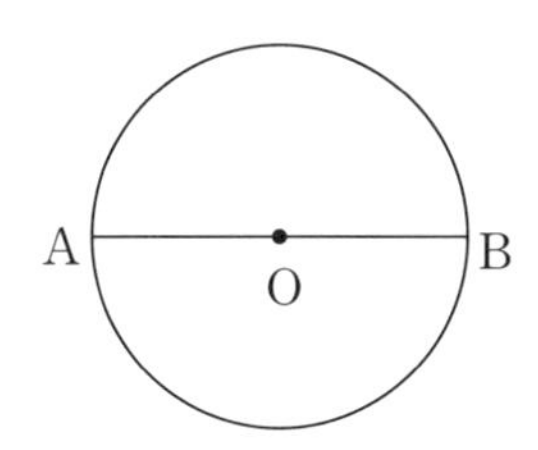

② 점 A와 점 B를 중심으로 반지름이 $\overline{AO}$인 호를 각각 그리고 원래 원과 만나는 교점을 각각 C, D, E, F라고 합시다. 그러면 다각형 AEFBDC는 정육각형이 됩니다. 너무 쉽죠?

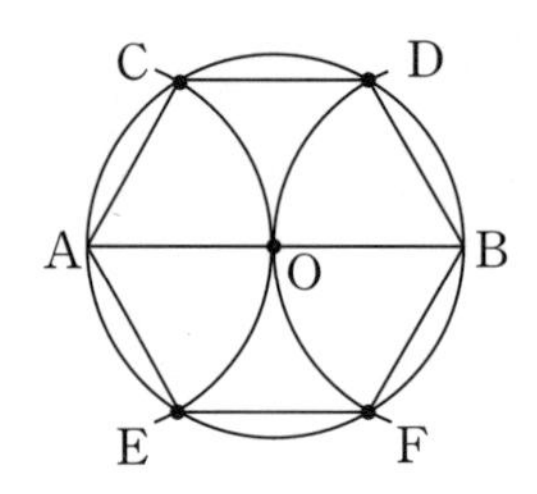

한 선분의 길이가 주어진 경우는 어떻게 하면 작도할 수 있을까요? 정삼각형 6개를 한 꼭짓점을 중심으로 다닥다닥 붙여서 나열하면 정육각형이 됩니다. 작도 방법은 원에 내접하는 정육각형의 작도법과 비슷하므로, 냥냥 군이 시간날 때 한번 작도해 보세요.

그렇다면 정칠각형은 작도할 수 있을까요?

"지금까지 정삼각형, 정사각형, 정오각형, 정육각형이 작도가 가능했으니까 정칠각형도 작도 가능하지 않을까요?"

고대 그리스 수학자들은 이 문제를 가지고 뜨겁게 논의했습니다. 정육각형까지는 작도가 가능하지만 정칠각형은 눈금 없는 자와 컴퍼스만을 가지고 쉽게 작도할 수가 없었던 거죠. 정칠각형의 작도 가능 여부에 대한 논의는 천 년 넘게 지속됩니다. 그러다가 마침내 1796년이 되어서야 당대의 수학자 가우스가 정칠각형은 작도가 불가능하다는 것을 증명하기에 이릅니다. 이 밖에도 가우스는 9, 11, 13각형 역시 작도 불가능하다는 것을 밝혀냈답니다. 가우스에 따르면 다음과 같이 작도할 수 있는 정다각형에 대하여 정리했습니다.

쏙쏙 이해하기

어떤 자연수 n에 대하여
정 n각형을 작도할 수 있다면, 정 $2n$각형도 작도할 수 있다.

우리는 정사각형의 작도법을 알고 있으므로, 변의 개수가 2의 거듭제곱 개인 모든 정다각형을 작도할 수 있습니다. 또한 가우스는 변의 개수가 다음과 같을 때, 정다각형을 작도할 수 있다는 것을 밝혀냈습니다.

어떤 자연수 n에 대하여

① n이 $2^{2x}+1$의 꼴로 나타나는 소수이면, 정 n각형은 작도 가능하다.

② n이 $2^{2x}+1$의 꼴의 서로 다른 두 소수의 곱이면, 정 n각형은 작도 가능하다.

이에 따르면, 정 3, 5, 17, 257각형 역시 작도 가능합니다.

이 정도면 우리가 에스허르의 고민까지 해결한 것 같군요. 에스허르가 우리가 준 정다각형의 작도에 대한 힌트를 가지고 어떤 멋진 그림을 그리는지 지켜볼까요?

에스허르 〈도마뱀〉

에스허르는 불현듯 무의식중에 잠재해 있던 정오각형에 대한 작도법이 생각났습니다. 그리고 캔버스 위에 슥슥삭삭 스케치를 해 나가기 시작했죠. 며칠 후 에스허르의 작업실 중앙에는 왼쪽과 같은 그림이 걸려 있었습니다. 제목은 도마뱀입니다. 그림 속의 도마뱀은 그림에서 기어 나와 현실을 거닐다가 다시 그림 속으로 들어가는 모습입니다.

메모장

❼ 테셀레이션 도형을 이용해 어떤 틈이나 겹침이 없이 평면 또는 공간을 완전히 메꾸는 미술 장르를 말한다.

테셀레이션[7]으로 배치된 그림 속 도마뱀은 정육각형을 기본 구조로 하고 있고, 현실 속 도마뱀이 기어오른 정십이면체의 한 면도 정오각형 모양으로 구성되어 있었습니다.

"에스허르의 그림은 정말 기발해요. 그림 속의 도마뱀이 현실로 기어 나오는 모습을 표현했어요."

그렇군요. 역시 화가의 상상력이란 정말 놀라워요. 두 화가의 작업실을 둘러보았군요. 냥냥 군, 이번 여행도 즐거웠죠?

"네, 쇠라와 에스허르 모두 전에 들어 본 적 없는 화가였지만, 낯설지 않았어요. 또 그림을 보면서 작도 공부를 할 수 있어서 더 흥미로웠고요. 컴퍼스와 눈금 없는 자가 모든 도형을 그려

낼 수 있는 강력한 무기처럼 느껴지더니 이제는 작도 불가능한 도형이 있다는 것도 알았어요. 신기했어요."

냥냥 군처럼 여러분도 이번 여행 이야기를 들으며 작도가 더욱 흥미롭고 신비로운 분야라는 것을 느꼈으면 좋겠군요. 이번 시간에는 황금사각형과 은직사각형의 뜻과 작도법, 황금비에 대한 소개를 잠깐 했습니다. 그리고 여러 가지 정다각형의 작도 방법에 대해서 공부했고, 작도 불가능한 정다각형에 대해서도 알아보았죠.

다음 시간에는 정다각형 이외에 작도 불가능한 도형들에 대해서 더 자세히 알아보는 시간을 가지겠습니다. 다음 시간에도 흥미로운 여행 기대하세요.

수업 정리

❶ 황금사각형이란 가로세로 길이가 황금비를 이루는 직사각형을 말합니다. 이를 테면 직사각형에서 짧은 변을 한 변의 길이로 하는 정사각형을 잘라 내고 남은 부분 역시 처음 직사각형과 동일한 비율이 성립할 때 원래 직사각형은 황금사각형이 됩니다. 황금사각형의 작도법을 배워 보았습니다.

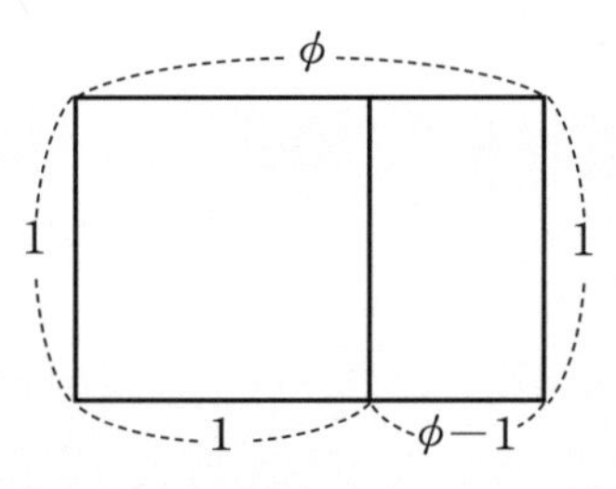

황금사각형이려면 $1:\phi=\phi-1:1$이 성립해야 한다.

❷ 은직사각형이란 한 직사각형을 반으로 잘랐을 때, 잘린 직사각형이 원래의 직사각형과 닮음인 직사각형을 말합니다. 은직사각형의 작도법을 배워 보았습니다.

수업 정리

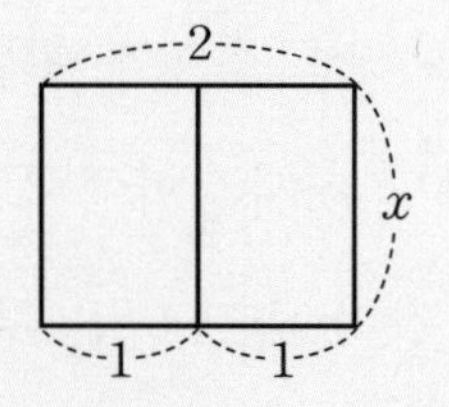

은직사각형이려면 $2:x=x:1$이 성립해야 한다.

❸ 변의 개수가 2의 거듭제곱 개인 모든 정다각형은 작도 가능합니다.

변의 개수가 홀수 개인 정다각형에서는 어떤 자연수 n에 대하여

- n이 $2^{2x}+1$의 꼴로 나타나는 소수이면, 정n각형은 작도 가능합니다.
- n이 $2^{2x}+1$의 꼴의 서로 다른 두 소수의 곱이면, 정n각형은 작도 가능합니다.

작도 가능한 정다각형 중에서 정삼각형, 정사각형, 정오각형, 정육각형의 작도법을 배워 보았습니다.

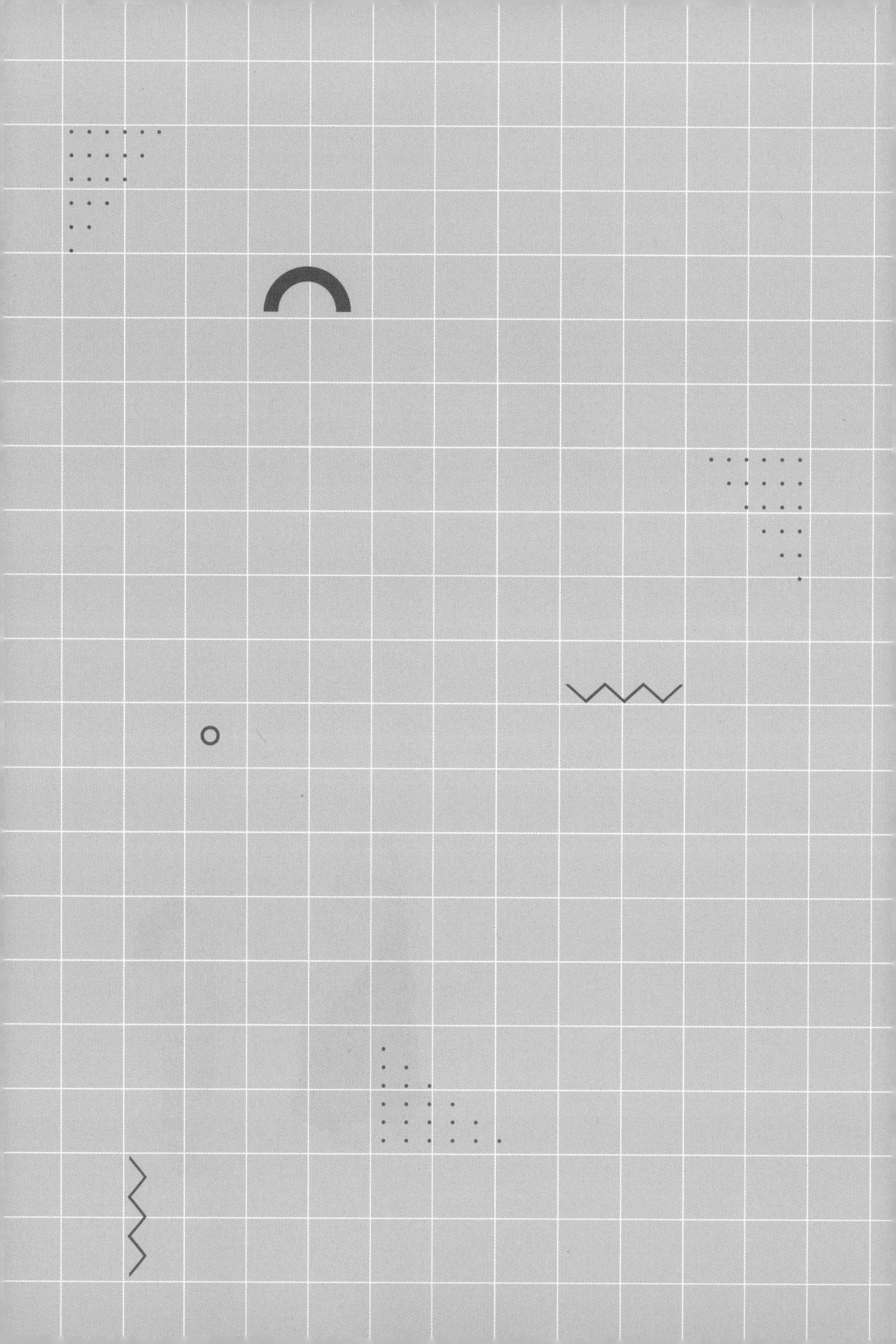

5교시

3대 작도 불능 문제

대표적인 작도 불능 문제 세 가지에 대해서 알아봅시다.

수업 목표

1. 역사적으로 대표적인 작도 불능 문제 3가지에 대해 공부해 봅니다.

미리 알면 좋아요

1. **원의 넓이 구하는 공식** (반지름)×(반지름)×3.14
중학교 과정에서는 3.14 대신 원주율을 보통 π라는 기호로 사용하게 됩니다. 그 이유는 3.14가 원주율의 참값이 아니라 근삿값이기 때문입니다. 따라서 원의 넓이 구하는 공식은 중학교 과정에서는 πr^2이라고 배웁니다. 단, r은 반지름

2. **정육면체의 부피 구하는 공식** (가로)×(세로) ×(높이)

히포크라테스의 다섯 번째 수업

다섯 번째 수업을 시작하겠습니다. 이번 시간에 들려드릴 이야기는 그리스 여행입니다. 세 번째 여행 장소도 그리스였는데요. 고대 그리스 여행이 두 번이나 되는 것은 그만큼 작도 문제의 시초가 되었던 시기이기도 하면서 작도 영역에서 유명한 문제들은 고대 그리스에서 출발해서가 아닌가 합니다.

냥냥 군은 어느 날 느닷없이 또 나를 찾아왔죠.

"선생님, 지난 여행에서 화가 쇠라를 찾아가서 정다각형을 작도한 수업은 굉장히 흥미 있었어요. 컴퍼스와 눈금 없는 자만 있으면 뭐든지 작도할 수 있을 거라고 생각했는데, 정칠각형처럼 작도할 수 없는 것도 있다니 꽤 놀랍더라고요. 이 밖에도 작도되지 않는 도형이 많이 존재하나요?"

하하, 사실 작도가 가능하지 않은 대표 문제로 정칠각형의 작도는 끼지도 못한답니다. 2200년간 작도 방법이 있는지 없는지조차 몰랐던 3대 작도 불능 문제가 따로 있으니까요. 무수히 많은 사람이 매달렸지만 그 해법을 찾기가 쉽지 않았답니다. 이 문제가 시작되는 시점으로 다시 여행을 떠나 볼까요?

리모컨을 눌러 다시 기원전 5세기경 그리스로 여행을 떠났습니다. 도착한 곳 집집마다 곡소리가 요란했습니다. 작년 이맘때에는 페리클레스가 죽었고, 오늘은 또 아낙사고라스가 죽었다고 하는군요. 어떤 집에서는 가족이 다 같이 죽기도 했습니다. 계속되는 전염병으로 벌써 그리스 인구의 $\frac{1}{4}$이 죽어 나갔습니다. 그리스 도시 국가에서는 각 도시의 대표단을 파견하여 델로스섬의 아폴로 신전에 어떻게 하면 전염병을 멈출 수 있는지 신탁을 받으려하였습니다. 신녀에게 내려진 신의 계시에 따르면, 현재 정육면체인 아폴로 신전 제단을 부피가 2배가 되는 정육면체 제단으로 바꾸어 쌓으면 전염병이 멈출 것이라고 했습니다. 그리스 사람들은 고민했죠. 부피가 2배 되는 제단, 부피가 2배 되는 제단…….

"아! 답답해. 저 사람들은 도대체 저렇게 쉬운 문제를 가지고 왜 고민할까요? 당연히 각 변의 길이를 2배로 하면 부피가 2배 되는 제단을 쌓을 수 있는 것 아닌가요?"

냥냥 군은 더 공부해야겠군요. 과연 각 변의 길이를 2배로 한다고 해서 부피가 2배가 될까요? 자, 처음 한 변의 길이가 1인 정육면체가 있다고 합시다. 처음 정육면체의 부피는 $1\times1\times1=1$이 되겠죠. 각 변의 길이를 배로 하면 한 변의 길이가 2인 정육면체가 됩니다. 이 정육면체의 부피는 $2\times2\times2=8$이 된다고요. 즉, 한 변의 길이가 2배로 늘어나면 부피는 8배 증가하게 됩니다.

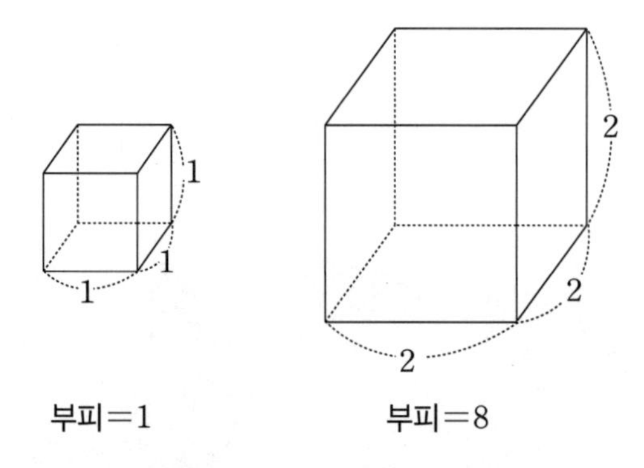

"그렇군요. 그럼 어떻게 해야 부피가 2배인 정육면체를 만들 수 있을까요?"

이를 설명하기 위해서 우리는 작도 가능한 연산에 대해 생각해 보아야 합니다. 두 길이의 덧셈과 뺄셈, 곱셈과 나눗셈 연산의 작도가 가능하고 한 길이를 a라고 할 때, $\sqrt{a}$의 작도는 가능합니다. 또한 대학교에서 수학을 배우게 되면 $\sqrt{2}$, $\sqrt[4]{2}$, $\sqrt[8]{2}$과 같은 길이는 작도할 수 있다는 것을 알게 됩니다. 그러나 $\sqrt[3]{2}$과 같은 길이는 작도할 수 없습니다. 다시 부피 문제를 들여다보겠습니다.

그렇다면 부피가 2배가 되기 위해서는 한 변의 길이가 몇 배씩 늘어나야 할까요?

처음 한 변의 길이가 1인 정육면체가 있다고 하면 정육면체의 부피는 1이 됩니다. 그렇다면 우리는 부피가 2가 되는 정육면체의 한 변의 길이를 구해야 하는데요. 부피가 2인 정육면체의 한 변의 길이를 x라고 하면 즉, $x \times x \times x = 2$입니다. 따라서 $x^3 = 2$입니다. 따라서 $x = \sqrt[3]{2}$은 작도 가능한 범주에 드는 수가 아니므로, 우리는 부피가 2배가 되는 정육면체를 작도할 수 없는 것입니다.

다음 대표적인 작도 불능 문제는 임의의 각을 삼등분하는 문제입니다. 물론 직각$(=90°)$의 경우에는 특별하게 각을 삼등분할 수 있습니다. 직각을 삼등분하는 방법부터 알아볼까요?

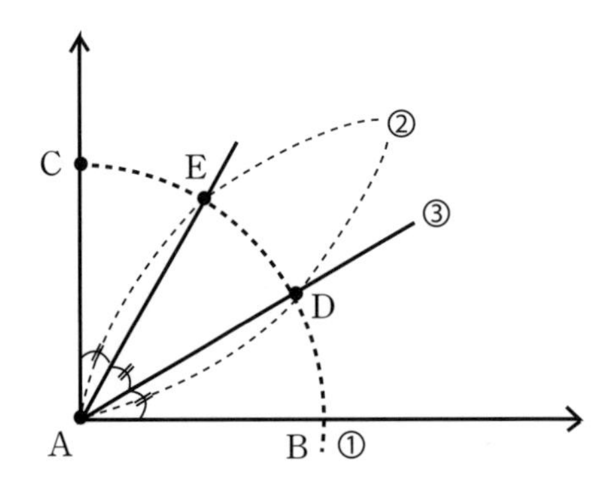

간단합니다. 우선 점 A에서 임의의 반지름을 가지는 호를 긋고 두 반직선과 만나는 교점을 각각 B, C라고 합니다(①). 이와 동일한 반지름으로 점 B, 점 C를 중심으로 하는 호를 그리고, ①에서 그린 호와 만나는 교점을 각각 D, E라고 합니다(②). $\overrightarrow{AD}$, $\overrightarrow{AE}$가 직각의 삼등분선이 됩니다(③).

각의 이등분선 작도와 정삼각형을 이용한 60° 작도, 그리고 정오각형을 이용한 72° 작도가 가능하다는 것을 알고 있기 때문에 이를 이용하여 9의 배수가 되는 각은 모두 삼등분할 수 있습니다. 60°와 72°를 작도할 수 있기 때문에 각의 이등분을 이용해서 30°와 36°를 작도할 수 있고, 36°－30°＝6° 역시 작도할 수 있습니다. 또한 6°인 각을 이등분하면 생기는 3° 역시 작도할 수 있습니다. 그러면 $3n^\circ$도 작도할 수 있고, $3n \times 3 = 9n^\circ$의 삼등분 역시 가능해집니다.

왜 일반적인 각에 대해서는 삼등분되지 않을까요? 사실 이것을 냥냥 군처럼 어린 학생에게 가르치기는 쉽지 않습니다. 왜냐하면 중고등학교에서 배우는 삼각함수[8]와 고차방정식을 알고 있어야 해결이 가능하기 때문이지요. 냥냥 군의 형, 누나를 위해 간략히 이야기해 보겠습니다. 냥냥 군은 지루하면 그냥 넘어가도 됩니다.

메모장

❽ 삼각함수 각의 크기를 삼각비로 나타내는 함수. 사인sin 함수, 코사인cos 함수, 탄젠트tan 함수, 코탄젠트cot 함수, 시컨트sec 함수, 코시컨트csc 함수의 여섯 가지가 있다.

예를 들어 60°인 각을 삼등분하는 작도가 가능한지에 대해 알아보는 문제는 바꾸어 말하면 20°인 각을 작도할 수 있냐는 문제로 바뀝니다. 이는 $\cos 20^\circ$의 값을 구하는 문제로 대체될 수 있습니다. 그렇다면 $\cos 20^\circ$의 실젯값을 구해 보도록 합시다.

삼각함수 공식 중에서 $\cos(\alpha+\beta) = \cos\alpha \cdot \cos\beta - \sin\alpha \cdot \sin\beta$가 있습니다. 이를 이용하면 다음과 같습니다.

$$\begin{aligned}\cos(2x+x) &= \cos 2x\cdot\cos x - \sin 2x\cdot\sin x \\ &= (2\cos^2 x - 1)\cos x - 2\sin x\cdot\cos x\cdot\sin x \\ &= 2\cos^3 x - \cos x - 2(1-\cos^2 x)\cos x \\ &= 4\cos^3 x - 3\cos x\end{aligned}$$

삼각함수의
2배각 공식을 이용하면

$x=20^\circ$, $\cos 20^\circ = t$라고 놓으면, $\cos 3x = \cos 60^\circ = \frac{1}{2}$이 됩니다.

위의 식을 t에 관한 식으로 치환하면 다음과 같습니다.

$$\frac{1}{2} = 4t^3 - 3t$$

이는 t에 관한 삼차방정식이고, t값은 세제곱근 형태로 나옵니다. 세제곱근의 형태는 앞에서 작도할 수 없다고 설명했습니다. 따라서 임의의 각 삼등분선을 작도할 수 없습니다.

지금까지 설명한 것과 같이 자와 컴퍼스만으로는 각의 삼등분선 작도가 불가능합니다. 만약 우리에게 자와 컴퍼스 말고 다른 도구가 주어진다면 각의 삼등분선은 작도할 수 있습니다.

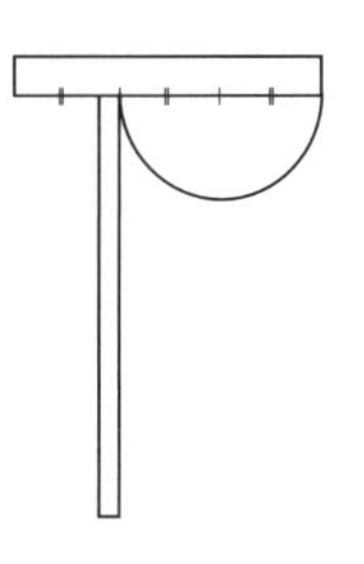

예를 들면 오른쪽 그림과 같은 도구입니다. 제도를 할 때 쓰는 T자 옆에 반원을 붙인 모양입니다. 이 도구를 이용하면 어떤 각이든 삼등분할 수 있습니다. 직접 임의의 각을 삼등분해 보겠습니다.

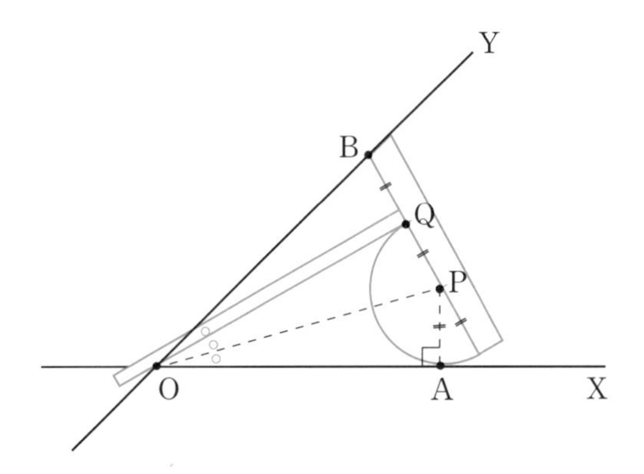

∠XOY를 삼등분하기 위해서 위의 도구에서 점 B를 $\overrightarrow{OY}$ 위에 놓고, 반원이 $\overrightarrow{OX}$에 접하게 놓습니다. 이때 접점을 A라고 하면, $\overline{OQ}$, $\overline{OP}$가 ∠XOY의 삼등분선이 됩니다. 그 이유는 삼각형의 합동으로 간단히 설명할 수 있습니다.

$\triangle$POA와 $\triangle$POQ에서 $\overline{PA}=\overline{PQ}$, $\angle PAO=\angle PQO=90^\circ$, $\overline{OP}$가 공통이므로 두 삼각형은 합동입니다.

따라서 $\angle POA=\angle POQ$입니다. ………………………………… ①

또한 $\triangle$BOQ와 $\triangle$POQ에서 $\overline{BQ}=\overline{PQ}$, $\angle BQO=\angle PQO=90^\circ$, $\overline{OQ}$가 공통이므로 두 삼각형은 합동입니다.

따라서 $\angle BOQ=\angle POQ$입니다. ………………………………… ②

①, ②에 의해서 $\angle BOQ=\angle POQ=\angle POA$이므로 $\angle XOY$는 정확히 삼등분된 것입니다.

눈금 있는 자와 컴퍼스만으로도 각의 삼등분선 작도는 가능합니다. 아르키메데스의 방법을 잠시 소개하도록 하죠.

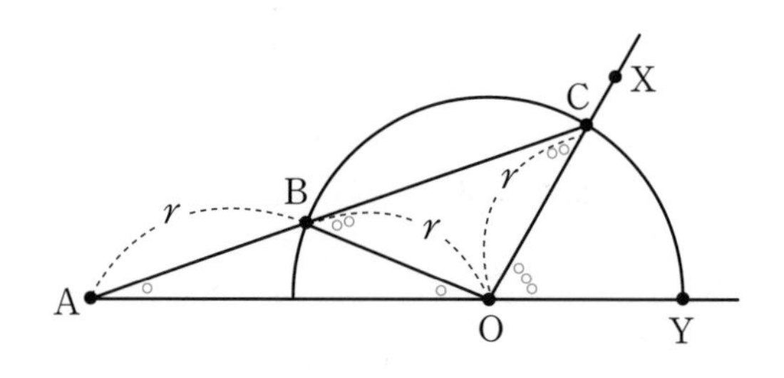

$\angle XOY$가 주어졌을 때, 점 O를 중심으로 반지름의 길이가 r인 반원을 그립니다. 반원과 $\overrightarrow{OX}$ 교점을 C라고 합니다. 점 A, B 사이의 길이가 r이 되도록 $\overleftrightarrow{OY}$ 위에 점 A, 반원 위에 점 B를 잡습니다. 이때 $\overline{AB}$의 연장선이 점 C를 지나도록 두 점 A, B를 잡아야 합니다. 이때 $\angle CAO$는 원래 각 $\angle XOY$의 $\frac{1}{3}$이 됩니다. 왜냐하면 삼각형 ABO는 이등변삼각형이므로 $\angle BAO = \angle BOA$, 삼각형에서 두 내각의 크기의 합은 한 외각의 크기와 같으므로, $\angle CBO = 2\angle BAO$, 삼각형 OBC는 이등변삼각형이므로 $\angle OBC = \angle OCB$이고, 삼각형 AOC의 한 외각인 $\angle XOY = 3\angle BAO$가 됩니다.

마지막 원적 문제가 남았습니다. 마지막 작도 불가능 문제인 원적 문제는 일정한 원 넓이와 똑같은 넓이를 가지는 정사각형을 작도하는 문제인데요. 이것 역시 불가능합니다. 반지름이 1인 원을 생각해 봅시다. 이 원의 넓이는 $\pi \times 1 \times 1 = \pi$가 될 것입니다. 그렇다면 넓이가 π인 정사각형의 한 변의 길이를 x라 하고 이 x가 작도 가능한 길이인지를 생각해 보도록 하겠습니다. $x^2 = \pi$이므로, 즉 $x = \sqrt{\pi}$가 됩니다. $\sqrt{\pi}$ 역시 작도 불가능한 길이입니다.

냥냥 군 수준에서는 이해하기 어려운 3대 작도 불가능 문제에 대해 간략히 설명해 보았습니다. 결국 세 문제가 모두 작도라는 기하학의 세계에서 출발하긴 했지만 해법은 방정식이라는 대수 영역 기법이 적용된다는 것이 참으로 놀랍고 신비합니다. 방정식은 17세기에 들어서야 학문적 체계가 잡힌 영역이므로, 기원전 고대 그리스 사람들이 3대 작도 불가능 문제의 해법을 찾아내지 못한 것은 어쩌면 당연한 일인지도 모릅니다. 냥냥 군도 학교에서 배우는 수학 문제가 안 풀린다고 머리를 쥐어뜯고 괴로워했던 경험이 있을 겁니다. 수학은 인내심이 필요하지요. 각의 삼등분 문제와 부피가 2배 되는 정육면체의 작도 문제는 1837년 프랑스 수학자 완체르에 의해서, 원적 문제는 1882년 독일 수학자 린데만에 의해서 증명되었습니다. 수많은 사람이 해법을 찾기 위해 전전긍긍했음에도 불구하고 약 2200년이 지나고 나서야 완벽한 해결책이 나타났답니다.

그렇게 나는 이번 여행에서도 냥냥 군의 궁금증을 해결해 주었습니다. 여러분도 수학에 대한 두려움이 있나요? 수학에 대한 두려움이 지속되어 자신감을 잃지 않을까 걱정하지 마세요. 여러분뿐만 아니라 아주 뛰어난 수학자들조차 해법을 찾지 못한 문제가 있었어요. 그들이 문제를 붙잡고 전전긍긍한 시간은 여러분보다도 훨씬 많답니다. 내가 선택한 도전에 대해서 실패를 맛보는 것을 두려워하지 마십시오. 이러한 실패를 바탕으로 값진 성공을 얻을 날이 있을 테니까요.

지금까지 다른 해결되지 않은 문제에 대해서 고민하고 여러분의 풀이법을 남겨 보는 것도 뜻깊은 일이 될 것입니다. 다시 한번 수학에 대해 외쳐 봅시다.

"수학! 난 네가 두렵지 않아."

수업 정리

❶ 3대 작도 불능 문제

– 임의의 각을 삼등분하는 작도는 불가능합니다.

– 부피가 2배가 되는 정육면체를 작도하는 것은 불가능합니다.

– 일정한 원 넓이와 똑같은 넓이를 가지는 정사각형을 작도하는 것은 불가능합니다.

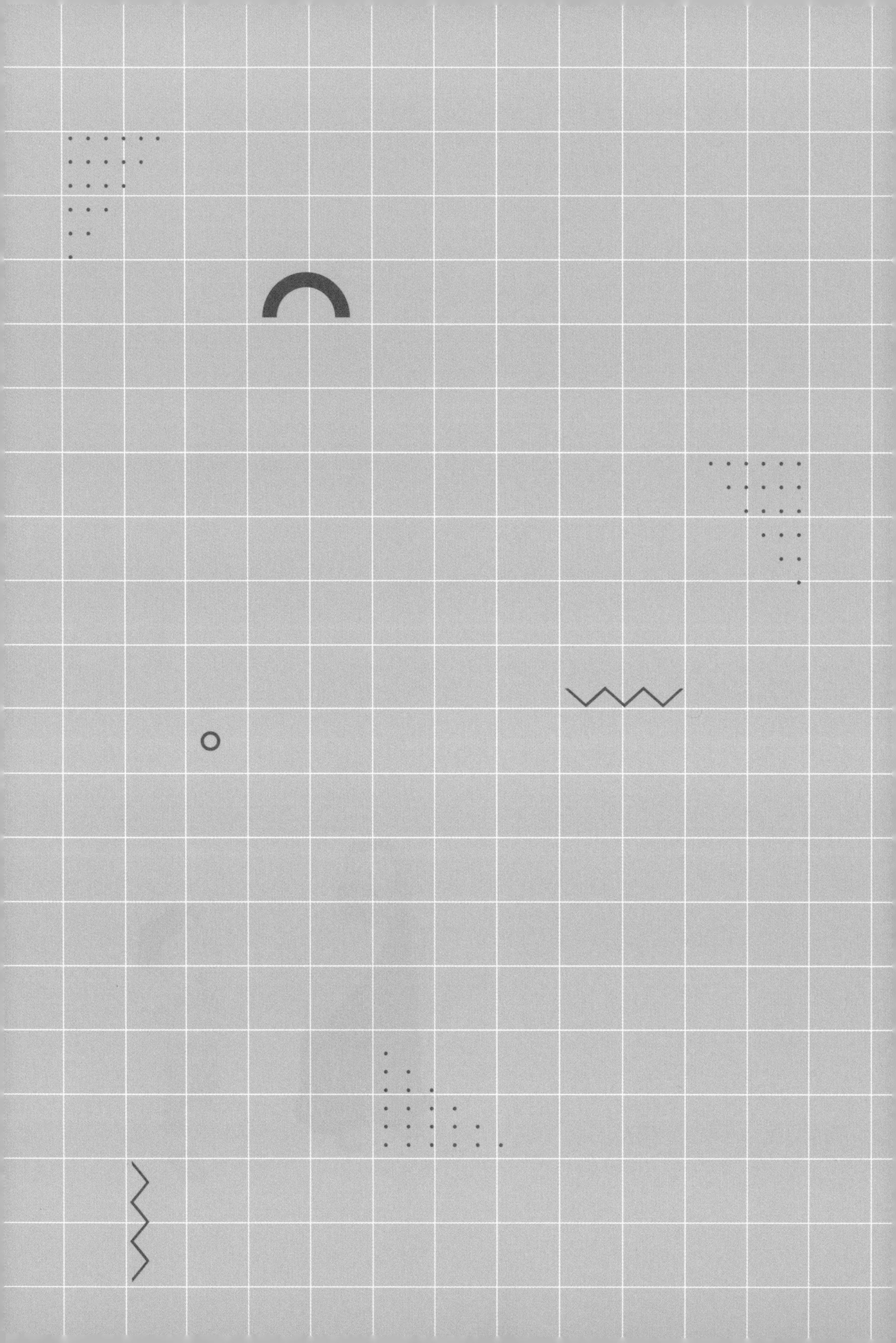

6교시

면적의 변환

면적의 변환은 어떻게 할까요?
직사각형, 삼각형, 정사각형을 변환해 봅시다.

수업 목표

1. 직사각형을 같은 넓이의 정사각형으로 변환하는 작도법을 배웁니다.
2. 삼각형을 같은 넓이의 직사각형으로 변환하는 작도법을 배웁니다.

미리 알면 좋아요

1. **삼각형의 넓이 구하는 공식** $\frac{1}{2}\times$(밑변)$\times$(높이)
   사각형의 넓이 구하는 공식 (가로)$\times$(세로)

2 밑변의 길이와 높이가 일정한 삼각형은 모두 넓이가 같습니다.

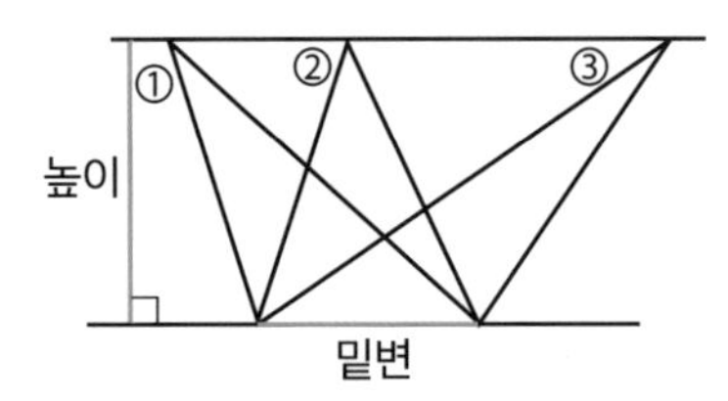

①, ②, ③번 삼각형은 모두 넓이가 같다.

히포크라테스의 여섯 번째 수업

오늘의 강의를 시작하겠습니다. 지난 수업에서 원과 같은 넓이를 가지는 정사각형은 작도할 수 없다는 것을 설명하였습니다. 그렇다면 오각형, 육각형과 같은 넓이를 가지는 정사각형은 작도할 수 있을까요? 네, 할 수 있습니다. 일정한 넓이를 가지는 다각형과 같은 넓이를 가지는 다른 다각형으로 변화시키는 것을 면적의 변환이라고 합니다. 이번에도 냥냥 군과 함께한 여행 이야기로 시작해 보도록 하겠습니다.

어느 한가로운 휴일, 냥냥 군은 거실 소파에 드러누워서 TV 리모컨을 눌러 가며 채널을 바꾸고 있었습니다. 그런데 채널 돌리는 곳마다 사극 드라마가 나오는 거예요. 수라간 나인이 주인공인 드라마, 조선 시대 여자 형사가 주인공인 드라마, 전형적인 왕족에 대한 이야기, 허준 이야기, 춘향전을 각색한 드라마 등등 소재도 다양합니다. 이렇게 넘쳐나는 사극 드라마를 보면서 냥냥 군은 갑자기 시간 여행 리모컨을 꺼내 들고 나를 불렀습니다.

웬일이지요, 냥냥 군?

"요즘 텔레비전에서 사극 드라마가 인기를 얻고 있잖아요. 그래서 저도 과거 한국을 여행해 보고 싶다는 생각이 들었어요. 저는 개인적으로 조선 시대에 가 보고 싶어요. 그동안 역사 시간에 배운 인물들이 조선 시대 쪽이 제일 많으니까요. 히포크라테스 선생님의 생각은 어떠세요?"

흠, 나는 냥냥 군이 괜찮은 곳이면 아무 데나 상관없습니다. 그럼 가장 현대와 가까운 조선의 고종 시대로 여행을 떠나 봅시다. 19세기 단추를 눌러 주세요.

이렇게 우리는 다시 시간 여행을 떠났습니다. 둘이 도착한 곳은 전라도 고부군의 시골 마을이었습니다. 농부인 김개남 씨와 손화중 씨는 둘이서 한참을 논 한가운데서 옥신각신 싸우고 있었습니다. 이야기를 들어 보니, 두 농부의 논이 맞물려 있고 논의 모양이 꽤나 복잡한 다각형 모양으로 생겼는데, 자고 일어났더니 둘의 논의 경계가 바뀌어 있었다는 것입니다.

손화중 씨 주장에 따르면 논두렁 위치가 옮겨져 자신의 땅이 좁아졌다고 하고, 김개남 씨는 또 자신의 땅이 좁아졌다고 다투고 있는 것이었습니다. 싸움은 끝날 줄 모르고 쟁쟁하게 맞서고 있었죠.

"아, 정말 시끄럽네. 그냥 처음부터 농사를 지을 땅을 정사각형 모양으로 반듯하게 경계를 지어 놓으면 편할 일을 왜 울퉁불퉁하게 경계를 만들어 놓아서 저렇게 싸우고 그럴까요? 지금이라도 저 복잡한 다각형 모양의 땅을 넓이가 같도록 정사각형 땅 모양으로 고쳐 줄 수 없을까요?"

물론 가능합니다. 우리가 배웠던 작도의 원리를 사용해서 넓이가 같은 정사각형 모양으로 고칠 수 있습니다. 이 문제의 해결 방법은 고대 그리스 사람들에게도 절실하게 필요했습니다. 불규칙한 토지들을 같은 면적의 정사각형으로만 고칠 수 있다면 넓이를 재기에도 쉽겠지요. 세금을 걷을 때라든가 홍수 범람 후 손실된 토지의 면적을 잴 때도 쉽고 정확하게 측정할 수 있을 테니까요. 김개남 씨의 땅은 좀 더 복잡한 모양이므로 설명하기 쉽게 간단한 도형부터 먼저 정사각형으로 만들어 보도록 하겠습니다.

단계 ① 직사각형을 같은 넓이의 정사각형으로 변환하기

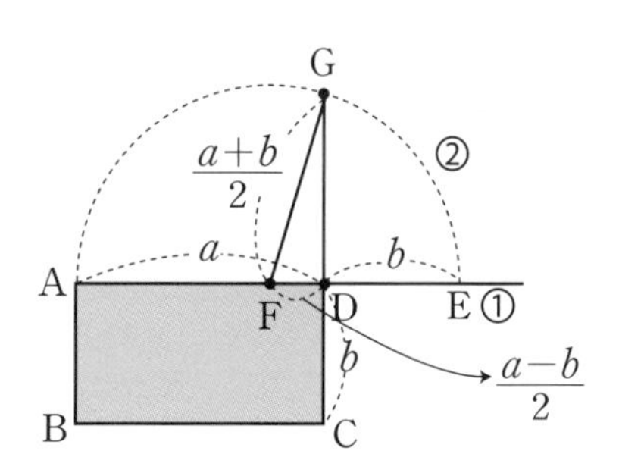

가로세로의 길이가 각각 a, b인 직사각형 ABCD를 정사각형으로 변환해 보겠습니다. $\overline{\mathrm{AD}}$의 연장선 위에 점 D로부터 $\overline{\mathrm{CD}}$길이만큼 가서 점 E를 잡습니다(①). $\overline{\mathrm{AE}}$의 중점을 F라 하고 점 F를 중심으로 하고 반지름이 $\overline{\mathrm{AF}}$인 원을 그립니다(②). $\overline{\mathrm{CD}}$의 연장선과 원이 만

나는 교점을 G라고 합니다(③). 그리고 $\overline{GD}$를 한 변으로 하는 정사각형 GDHI를 그립니다(④). 정사각형 GDHI와 직사각형 ABCD는 넓이가 같습니다.

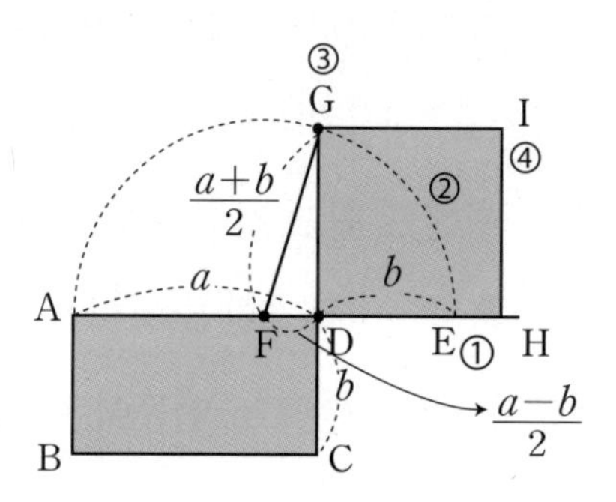

이유를 간단히 설명하면, 직사각형 ABCD의 넓이가 ab이므로 우리는 한 변의 길이가 $\sqrt{ab}$인 정사각형을 작도해야 합니다. $\overline{FG}$의 길이는 $\frac{a+b}{2}$이고 $\overline{FD}$의 길이는 $\frac{a-b}{2}$이므로, 피타고라스의 정리에 의하여 $\overline{GD}^2=\left(\frac{a+b}{2}\right)^2-\left(\frac{a-b}{2}\right)^2=ab$, 따라서 $\overline{GD}$의 길이는 $\sqrt{ab}$가 됩니다.

단계 ② 삼각형을 같은 넓이의 직사각형으로 변환하기

밑변의 길이를 a, 높이를 h로 하는 삼각형 ABC를 직사각형으로 변환해 보겠습니다. 점 A에서 밑변 $\overline{BC}$에 수선을 내리고 그 교점을 D라고 합니다(①). 다시 $\overline{AD}$의 중점을 M이라고 하면 삼각형 ABC의 넓이는 $\frac{1}{2}ah = \overline{BC} \times \overline{MD}$가 됩니다. 즉, $\overline{BC}$, $\overline{MD}$ 길이를 각각 가로, 세로로 하는 직사각형 BCEF를 그리면 삼각형 ABC와 같은 넓이의 직사각형이 됩니다(②).

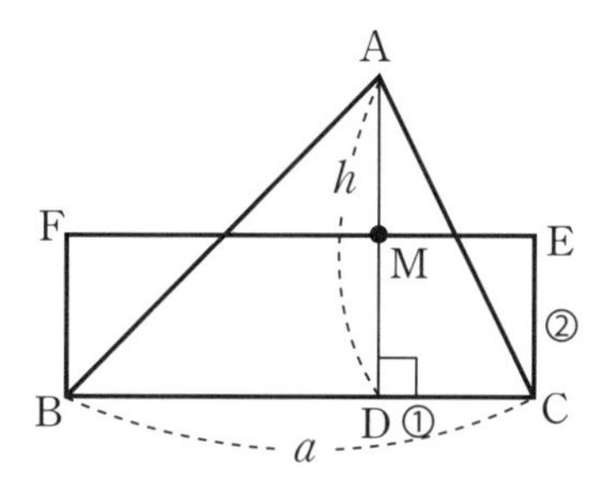

단계 ③ 사각형을 넓이가 같은 삼각형으로 변환하기

사각형 ABCD에서 점 D를 지나고 $\overline{AC}$에 평행한 직선과 $\overline{BC}$의 연장선의 교점을 E라고 합시다. 그러면 삼각형 ADC와 삼각형 AEC의 넓이가 같으므로, 사각형 ABCD와 삼각형 ABE의 넓이가 같아집니다.

이러한 방식으로 어떤 다각형도 하나씩 변의 수를 줄여 나가면 결국엔 넓이가 같은 삼각형 모양을 만들어 낼 수 있습니다.

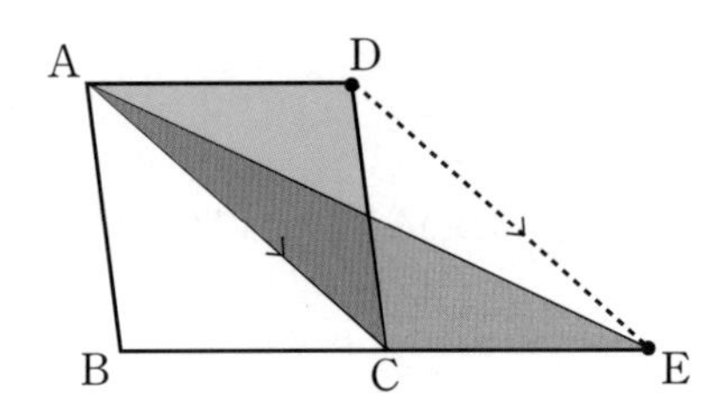

김개남 씨네 땅의 모양은 일그러진 칠각형 모양입니다. 김개남 씨의 땅을 넓이의 변화 없이 반듯한 정사각형 모양으로 변환하는 방법에 대해 같이 고민해 보도록 하겠습니다. 앞에서 설명한 단계 ①, ②, ③을 바탕으로 기본 원리를 살펴보면 단계 ③을 이용하여 김개남 씨 땅을 넓이가 같은 삼각형으로 변환하고, 단계 ②를 이용하여 삼각형을 다시 직사각형으로 변환한 다음, 마지막으로 단계 ①을 이용하여 직사각형을 넓이가 같은 정사각형으로 변환합니다. 다음은 김개남 씨의 다각형 땅을 같은 넓이의 정사각형으로 변환하는 방법입니다.

그럼 시작해 볼까요?

김개남 씨의 땅 모양에 편의상 ABCDEFG라고 기호를 붙여 봅시다. 대각선 $\overline{CF}$를 그으면 칠각형이 오각형 ABCFG와 사각형 CDEF로 쪼개집니다. 두 다각형에서 변의 개수를 하나씩 줄여 보겠습니다. 점 E를 지나면서 $\overline{DF}$에 평행한 직선과 $\overline{CD}$의 연장선의 교점을 H라고 합시다. 그러면 삼각형 DEF와 삼각형 DHF의 넓이가 같습니다.

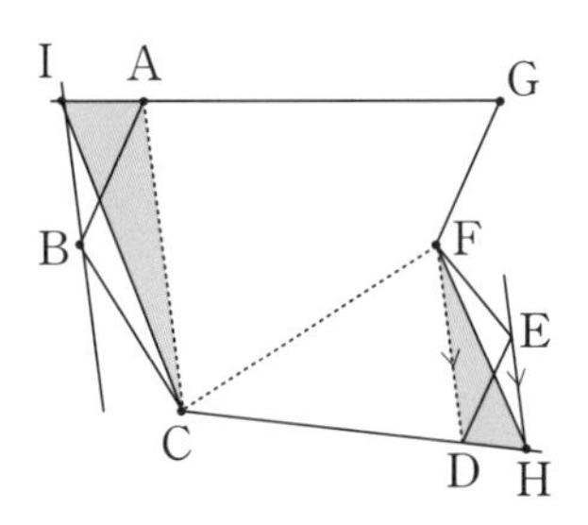

마찬가지 방법으로 오각형 ABCFG에서도 삼각형 ABC와 넓이가 같은 삼각형 AIC를 작도할 수 있습니다. 결국 칠각형 ABCDEFG를 넓이가 같은 오각형 ICHFG로 변환시킬 수 있습니다. 동일한 작업을 여러 번 반복하다 보면 결국 원래 칠각형과 넓이가 같은 삼각형 XYZ를 만들 수 있습니다. 다시 삼각형 모양의 땅에 단계 ②와 같은 과정을 거치면 같은 넓이의 직사각형으로 변환할 수 있고, 다시 단계 ①의 과정을 거치면 같은 넓이의 정사각형으로 변환할 수 있습니다.

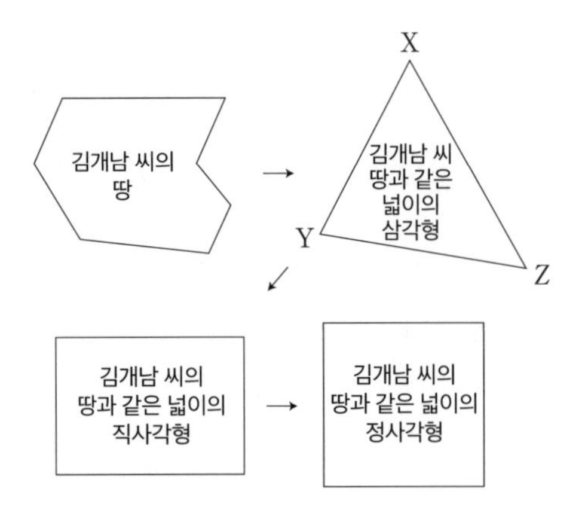

위의 상황과 같이 임의의 다각형을 같은 넓이의 다른 도형으로 변환하는 것을 면적 변환이라고 합니다. 면적 변환의 재밌는 문제 중에 몇 가지만 냥냥 군에게 소개할까 합니다.

쏙쏙 문제 풀기

임의의 사다리꼴 한 쌍의 평행한 변 중에서 짧은 변 위의 한 점을 P라 할 때, 사다리꼴의 넓이가 정확히 이등분이 되도록 점 P를 지나는 직선을 그려 보시오.

해결해 볼까요?

임의의 사다리꼴 ABCD가 존재할 때, 두 가지 경우를 나누어서 생각해 볼 수 있습니다. 첫째, 점 P가 꼭짓점 A 또는 B에 놓일 수 있습니다. 이 경우에는 사다리꼴이 삼각형과 사다리꼴 2개의 모양으로 쪼개질 것입니다. 둘째, 점 P가 A, D 사이에 놓일 수 있습니다. 이 경우에는 2개의 사다리꼴 모양으로 쪼개질 것입니다.

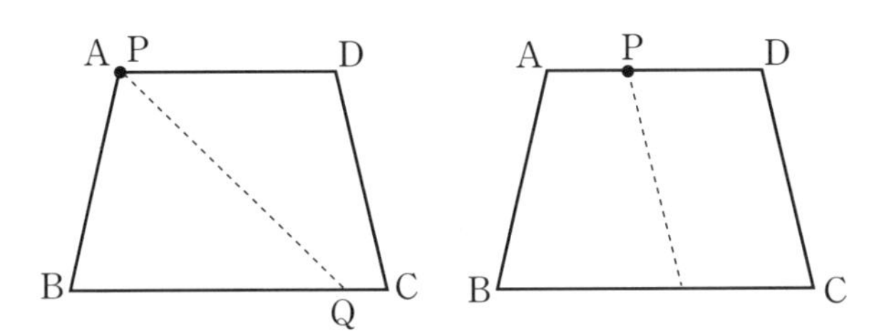

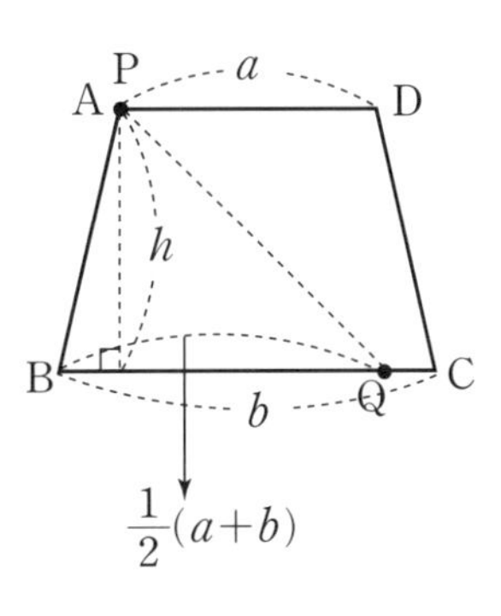

첫 번째 경우부터 살펴보면 삼각형 ABQ의 넓이가 정확히 사다리꼴 ABCD의 절반이 되게 하는 $\overline{BC}$의 점 Q를 찾는 문제와 같습니다. 편의상 짧은 변과 긴 변의 길이를 각각 a, b 높이를 h라고 하면, 사다리꼴의 넓이는 $\frac{1}{2}(a+b)h$가 됩니다. 그러므로 $\triangle$ABQ의 넓이는 $\frac{1}{4}(a+b)h$가 됩니다. 삼각형 ABQ의 높이가 h이므로, 밑변은 $\frac{1}{2}(a+b)$가 됩니다. 그러므로 점 B에서 길이가 $\frac{1}{2}(a+b)$인 위치에 점 Q를 잡으면, 사다리꼴의 넓이를 정확히 이등분할 수 있습니다.

두 번째에서도 짧은 변과 긴 변의 길이를 각각 a, b 높이를 h라 하고, $\overline{\mathrm{AP}}$의 길이를 k라고 합시다. 사다리꼴 ABQP의 넓이가 $\frac{1}{4}(a+b)h$가 되도록 점 Q를 잡아야 합니다. $\overline{\mathrm{AP}}+\overline{\mathrm{BQ}}=\frac{1}{2}(a+b)$이고 $\overline{\mathrm{AP}}=k$이므로, $\overline{\mathrm{BQ}}=\frac{1}{2}(a+b)-k$가 됩니다. a, b, k 모두 작도 가능한 길이이므로, $\frac{1}{2}(a+b)-k$ 역시 작도 가능합니다. 따라서 이 경우에도 사다리꼴을 정확하게 이등분할 수 있습니다.

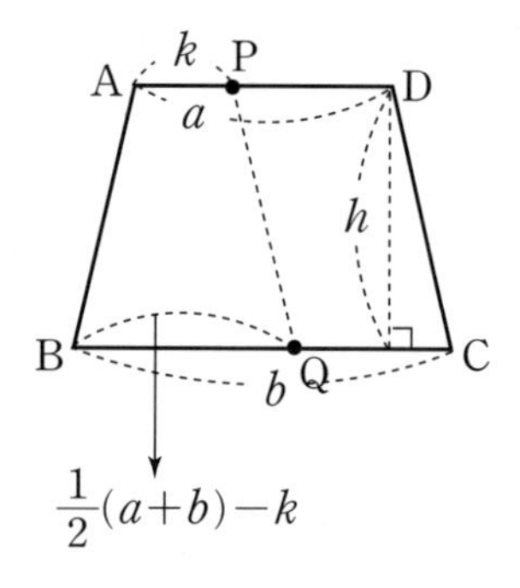

쏙쏙 문제 풀기

△ABC와 넓이가 같으면서 점 A를 지나고 직선 $\overleftrightarrow{\mathrm{MN}}$에는 평행한 한 변을 가지는 삼각형을 작도해 보시오.

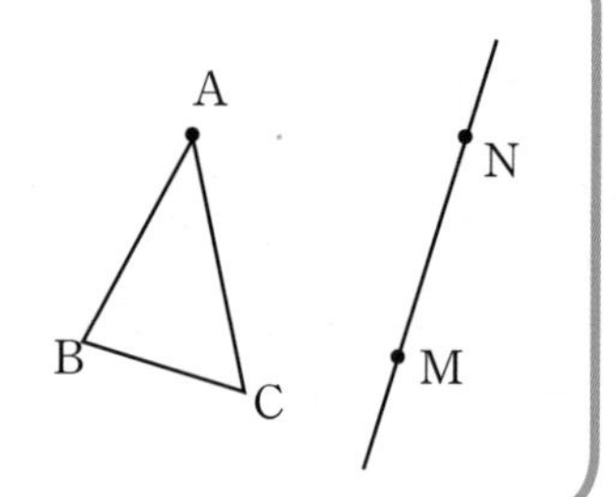

해결해 볼까요? 이 문제 해결의 아이디어는 삼각형 ABC와 같은 밑변 길이와 높이를 가지는 삼각형이 넓이가 항상 같다는 것입니다. 그럼 먼저 점 A에서 $\overleftrightarrow{MN}$에 수선을 긋고 만나는

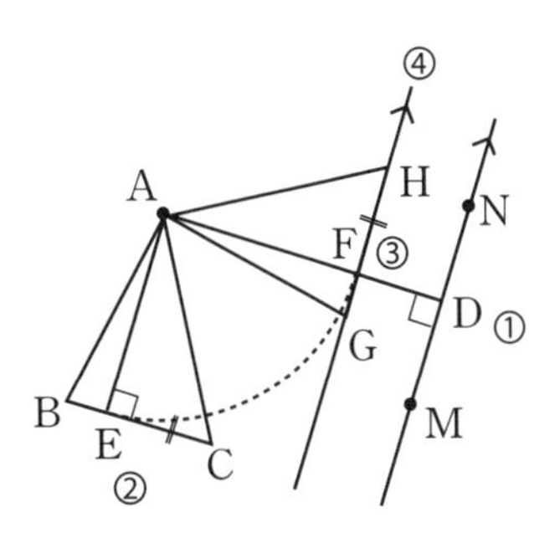

교점을 D라고 합시다(①). 다음 점 A에서 $\overline{BC}$에 수선을 긋고 만나는 교점을 E라고 합시다(②). 그리고 점 A를 중심으로 반지름이 $\overline{AE}$인 원을 그려 봅니다. 이 원과 $\overline{AD}$의 교점을 F라고 하면(③), $\overline{AF}$가 우리가 새로 만들 삼각형의 높이가 되는 셈입니다. 이제 밑변을 그려야겠군요. 점 F를 지나면서 $\overleftrightarrow{MN}$에 평행한 직선을 그리고(④), 이 직선 위에 $\overline{BC}$길이를 옮겨 그리고 끝점을 각각 G, H라고 하겠습니다. 결국, 삼각형 AGH는 삼각형 ABC와 넓이가 같으면서 $\overleftrightarrow{MN}$에 평행한 삼각형이 됩니다.

쏙쏙 문제 풀기

△ABC와 넓이가 같으면서 점 D를 꼭짓점으로 하는 이등변삼각형을 작도해 보시오.

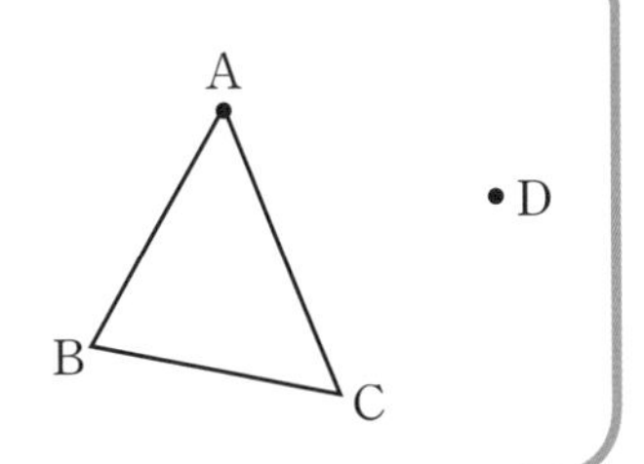

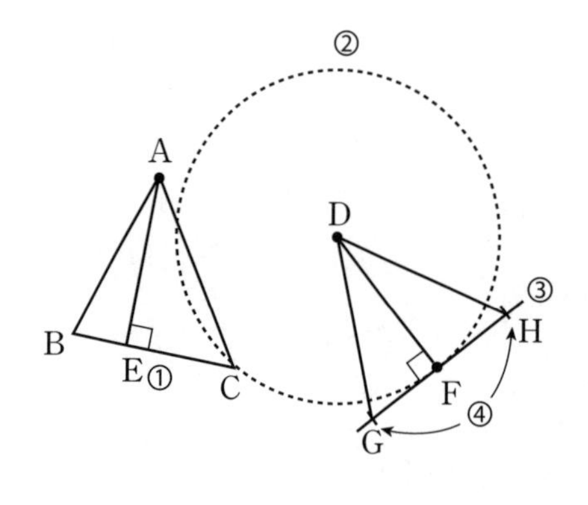

해결해 볼까요? 이 문제는 풀이 아이디어가 문제 ②와 비슷합니다. 먼저 점 A에서 $\overline{BC}$에 수선을 긋고 교점을 E라고 합니다(①). 이번에는 점 D를 중심으로 하고 반지름이 $\overline{AE}$인 원을 그립니다(②). 원주 위의 임의의 점을 잡아 점 F라고 하고 점 F에서 원의 접선을 그립니다(③). 그러면 $\overline{DF}$는 그리고자 하는 삼각형의 높이가 됩니다. 이제 접선 위에 두 점을 어떻게 잡아야 이등변삼각형이 될지 고민해 봐야겠습니다. 이등변삼각형의 성질 중에 밑변에 수직인 점과 밑변을 이등분하는 점이 일치하기 때문에 점 F가 밑변의 중점이 됩니다.

따라서 $\overline{BC}$ 길이의 절반을 점 F의 오른쪽으로, 다른 절반을 점 F의 왼쪽으로 옮기고 각각 접선 위의 두 점을 G, H라고 합시다(④). 결국 삼각형 DGH가 삼각형 ABC와 넓이가 같은 이등변삼각형이 됩니다.

냥냥 군은 나의 설명을 듣고 이해가 될 듯 말 듯 한 표정이네요. 아직은 냥냥 군의 지식이 부족해서 그러리라 생각합니다.

"선생님, 다 이해할 순 없지만 정말 신기해요. 가능하지 않아 보이는 일이 마술처럼 벌어지는 것을 보고 다시 한번 수학의 힘은 정말 위대하다는 생각이 들어요."

김개남 씨와 손화중 씨는 원래 넓이만큼의 토지를 정사각형 모양으로 잘 정비하여 다시는 토지의 분할 문제로 싸우는 일이 없어졌습니다. 하지만 몇 년이 지나 점점 양반들의 세금 착취와 수탈이 심해지면서 이들은 민란에 참가하게 되죠. 우리는 조선 후기 근대 문물이 조선에 조금씩 들어오는 과정과 양반들의 폭정 때문에 아파하는 농민들의 삶을 둘러보았습니다. 교과서에서 배우던 것보다 서민들의 삶이 훨씬 더 비참했다는 것과 민란이 일어날 수밖에 없었던 시대 상황을 보고 느끼는 점이 많았습니다.

이번 시간에는 임의의 다각형을 같은 넓이를 가지는 정사각형으로의 면적 변환에 대해서 배웠습니다. 내 설명을 글로 정리하는 것보다는 여러분이 지금 당장 연습장에 그려 보세요. 아무렇게나 다각형을 하나 그리고 이와 똑같은 넓이의 정사각형을 작도해 보세요. 물론 앞에서 설명한 것을 다시 읽어 가면서 말이죠. 실제로 한 번 해 보는 것이 백 번 읽고 듣는 것보다 더 효과적일 수 있답니다. 다음 시간에 다시 만나요.

수업 정리

이번 수업에서 여러 가지 다각형 모양을 정사각형으로 면적 변환하는 법을 배웠습니다. 면적 변환의 순서는 다음과 같습니다.

❶ 다각형은 변의 개수를 하나씩 줄여 가면서 최종적으로 같은 넓이의 삼각형으로 변환합니다. 예를 들어서 수업 시간에 사각형을 삼각형으로 면적 변환하는 법을 연습해 보았습니다. 같은 방법으로 오각형을 사각형으로, 사각형을 삼각형으로 면적 변환 할 수 있습니다.

❷ 삼각형 모양을 다시 직사각형으로 면적 변환 합니다.

❸ 직사각형을 정사각형으로 면적 변환 합니다.

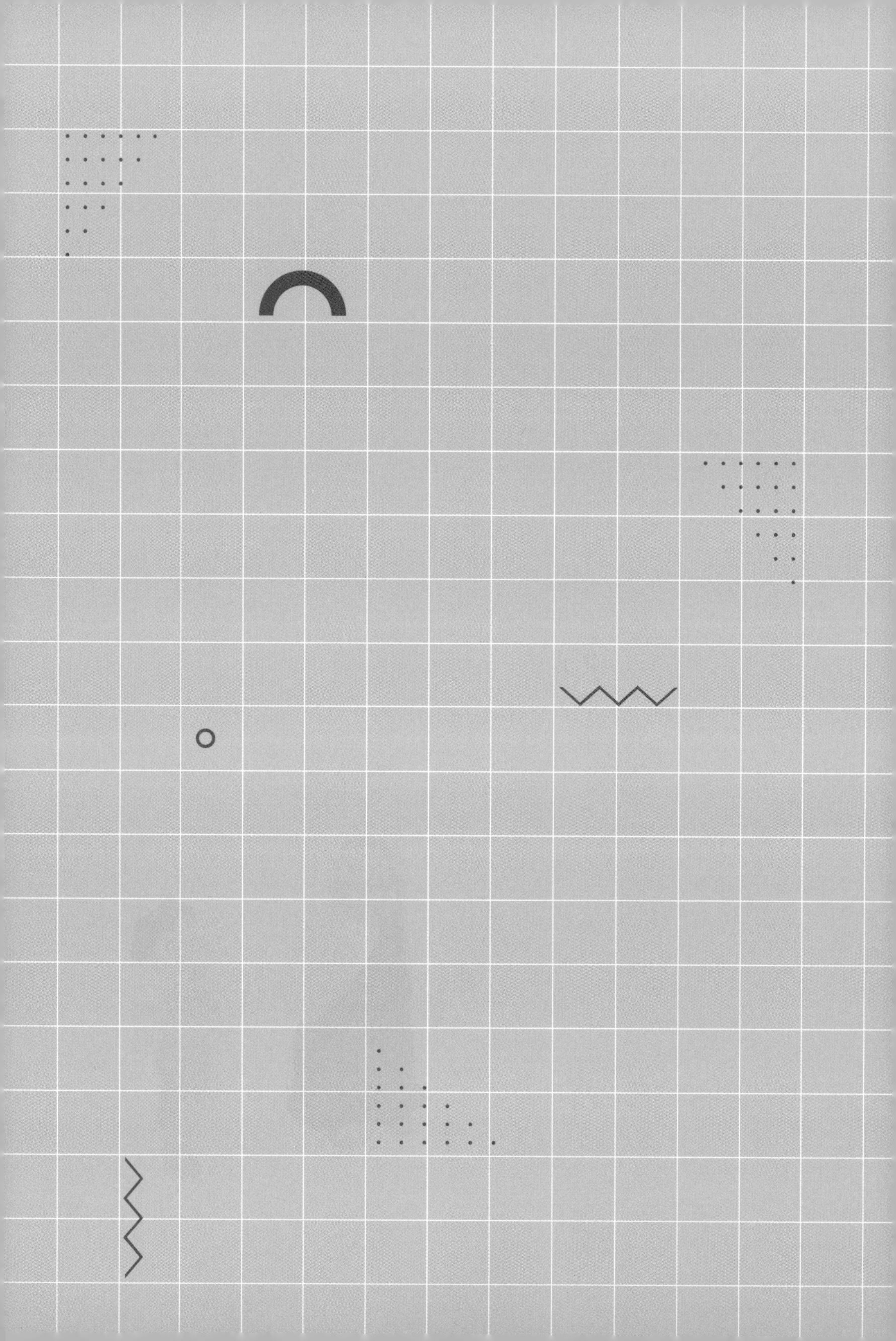

7교시

히포크라테스의 초승달

다각형이 아닌 곡선 모양도 면적 변환 할 수 있을까요?
히포크라테스의 초승달로 알아봅시다.

수업 목표

1. 다각형이 아닌 곡선 모양을 면적 변환 할 수 있는지 같이 고민해 봅니다.
2. 히포크라테스의 초승달 문제를 함께 고민해 봅니다.

미리 알면 좋아요

1. **3대 작도 불가능 문제**
- 임의의 각을 삼등분하는 작도는 불가능.
- 부피가 2배가 되는 정육면체를 작도하는 것은 불가능.
- 일정한 원 넓이와 똑같은 넓이를 가지는 정사각형을 작도하는 것은 불가능.

이 중에서 세 번째 문제에 대해 히포크라테스 선생님은 고민을 많이 했습니다. 실제로 일정한 원 넓이와 똑같은 넓이의 정사각형이 작도 가능하다면 곡선 모양의 면적 변환도 가능하게 됩니다.

2. **다각형 모양의 면적 변환** 지난 시간에 다각형 모양의 면적 변환에 대해서 배웠습니다. 다시 복습해 보려면 여섯 번째 수업을 참고하세요.

히포크라테스의 일곱 번째 수업

어느덧 여러분과 함께하는 마지막 작도 수업이네요. 그간의 여행 이야기의 주인공 냥냥 군과 함께 이번 수업을 진행하도록 하겠습니다. 냥냥 군도 저기 빈 책상에 가서 앉도록 하세요.

"안녕하세요. 저는 히포크라테스 선생님의 수제자 냥냥입니다. 그동안 여러 여행을 통해서 작도에 관해 많은 것을 알게 되었고, 작도가 수학이라는 학문 안에서도 흥미 있는 분야라는 것을 깨달았어요. 지난 조선 시대 여행에서 접한 면적 변환 문제는 특히나 어렵지만 도전해 볼 만한 여러 상황을 제시해 주고 있어서 매력적이었죠. 그런데 또 궁금한 것이 생겨서 이렇게 수업에 참여하게 되었습니다. 그것은 바로 다양한 다각형 모양은 정사각형으로 면적 변환이 되었지만, 곡선 모양으로 생긴 도형도 정사각형으로 바꿀 수 있는가에 대한 것입니다."

흠, 냥냥 군이 약 2500년 전에 내가 하고 있던 똑같은 고민을 하고 있군요. 냥냥 군은 나중에 나보다 더 똑똑한 수학자가 될 수 있을 것 같습니다. 내가 어른이 되어서야 하던 고민을 냥냥 군은 벌써부터 하고 있으니까요.

"선생님은 이 문제에 대한 해법을 찾으셨나요?"

글쎄, 찾았다고 해야 하나, 못 찾았다고 해야 하나? 한 가지 말해 줄 수 있는 것은 특수한 곡선 모양에 대한 해법은 찾았다고 볼 수 있습니다. 바로 초승달 모양이지요. 특수한 초승달 모양의 도형은 같은 넓이를 가진 정사각형으로 변환할 수 있습니다.

다들 풀이가 궁금한지 눈이 반짝거리네요.

"선생님, 어떻게 하는 건가요? 빨리 알려 주세요."

허허, 냥냥 군의 알고 싶은 마음이 전해져 오는 것 같네요. 그래요. 우선 다음 그림을 볼까요?

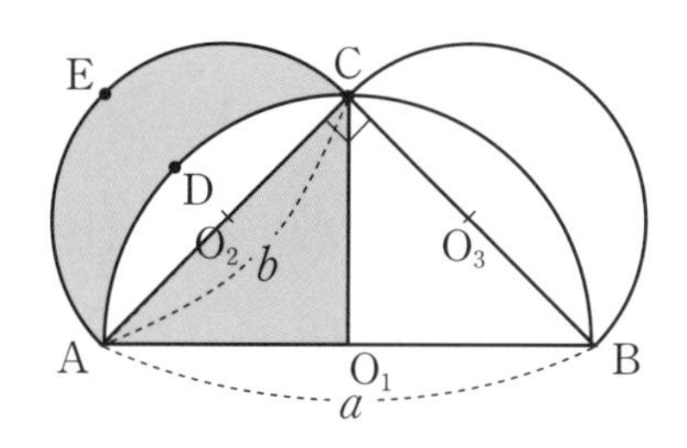

앞의 그림은 직각이등변삼각형 ABC에 외접하는 원 O_1을 그리고 $\overline{AC}$, $\overline{BC}$를 각각 지름으로 하는 반원 O_2, O_3를 각각 그린 것입니다. 이때, 초승달 모양인 ADCE와 삼각형 AO_1C의 넓이가 같습니다. 왜 그런지 이유를 살펴볼까요?

$\overline{AB}$의 길이를 a, $\overline{AC}$의 길이를 b라고 합시다.

$\triangle ABC$는 직각이등변삼각형이므로, 피타고라스 정리에 의하여 $b^2+b^2=a^2$, 즉 $2b^2=a^2$입니다.

$\triangle AO_1C$의 넓이$=\dfrac{a^2}{8}$

ADCE 넓이=반원 O_2 넓이$+\triangle AO_1C$ 넓이$-$사분원AO_1C 넓이

$=\dfrac{1}{2}\times\dfrac{b^2}{4}\pi+\dfrac{a^2}{8}-\dfrac{1}{4}\times\dfrac{a^2}{4}\pi$

$=\dfrac{1}{16}(2b^2-a^2)\pi+\dfrac{a^2}{8}$

$=\dfrac{a^2}{8}$ ($2b^2-a^2=0$이므로)

따라서 초승달 모양인 ADCE와 삼각형 AO_1C의 넓이가 같죠. 즉, 위와 같은 특수한 초승달 모양은 삼각형으로 면적 변환이 가능하다는 말입니다. 삼각형은 전 시간에 설명한 것과 같이 정사각형으로 면적 변환이 가능하고요.

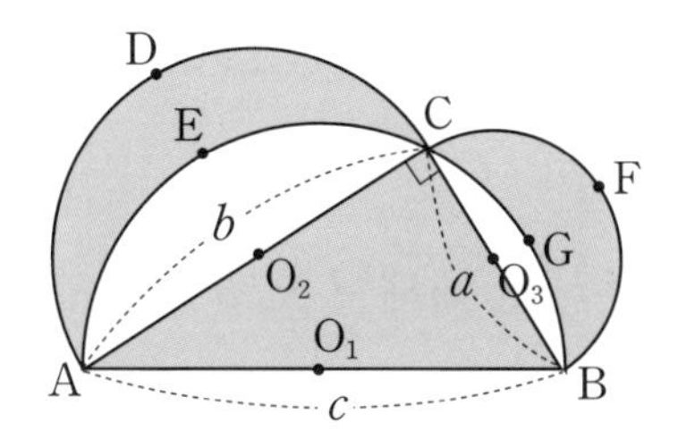

또 다른 예를 하나 더 찾아보겠습니다. 왼쪽 그림을 다시 볼까요?

위의 그림에서 O_1, O_2, O_3는 각각 $\overline{AB}$, $\overline{AC}$, $\overline{BC}$를 지름으로 하는 반원이고 삼각형 ABC는 원 O_1에 내접하는 직각삼각형입니다. 이때 두 초승달 모양인 AECD, CGBF의 넓이의 합은 직각삼각형 ABC의 넓이와 같습니다. 즉, 두 초승달 모양을 삼각형으로 면적 변환이 가능하다는 것입니다. 이유를 살펴볼까요?

삼각형 ABC의 빗변의 길이를 c, 다른 두 변의 길이를 a, b라고 합시다.

피타고라스의 정리에 의해 $a^2+b^2=c^2$, 즉 $a^2+b^2-c^2=0$입니다.

두 초승달 모양의 넓이의 합=

△ABC 넓이+반원 O_2 넓이+반원 O_3 넓이−반원 O_1 넓이

$$=\frac{1}{2}ab+\frac{b^2}{8}\pi+\frac{a^2}{8}\pi-\frac{c^2}{8}\pi$$

$$=\frac{1}{2}ab+\frac{1}{8}\pi(b^2+a^2-c^2)$$

$$=\frac{1}{2}ab\,(a^2+b^2-c^2=0\text{이므로})=\triangle\text{ABC의 넓이}$$

그렇다면 일반적인 모든 초승달 모양에 대해서도 다 가능한 건가요?"

그렇지 않았습니다. 사실 나도 그 부분에 대해서 오랫동안 고민했었습니다. 옛날 그리스 사람들은 가장 완벽한 곡선인 구를 넓이가 같은 정사각형으로 변환시키는 데 관심이 많았죠. 이는 앞에서 말한 3대 작도 불가능 문제 중의 하나입니다. 나 역시 이걸 해결하기 위해 무척이나 노력했고요. 이 문제를 해결하는 실마리가 초승달 모양의 면적 변환이었죠.

다음은 내가 한때 생각했던 원을 넓이가 같은 정사각형으로 변환하는 방법입니다.

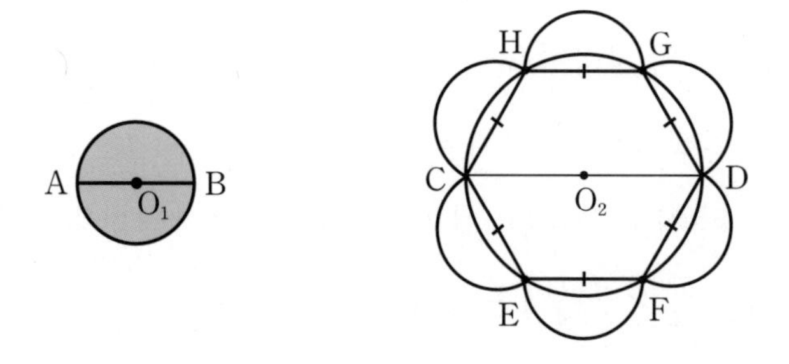

왼쪽 그림의 원 O_1을 정사각형으로 면적 변환해 보겠습니다.

원 O_1의 지름 $\overline{AB}$의 2배인 지름 $\overline{CD}$를 잡아 원 O_2를 그립니다. 원 O_2에 내접하는 정육각형 CEFDGH에서 각 변을 지름으로 하는 반원을 그리면 각 반원은 처음의 원 O_1의 절반씩의 넓이를 가집니다.

정육각형 CEFDGH의 넓이+(반원 O_1의 넓이)×6
=(원 O_2의 넓이)+(초승달 모양의 넓이)×6

여기서 원 O_2의 넓이=원 O_1의 넓이×4이므로, 아래와 같이 됩니다.

(정육각형 CEFDGH의 넓이)+(원 O_1의 넓이)×3
=(원 O_1의 넓이)×4+(초승달 모양의 넓이)×6
⇒(원 O_1의 넓이)=(정육각형 CEFDGH의 넓이)
−(초승달 모양의 넓이)×6

따라서 초승달 모양만 면적 변환이 가능하면 원 역시 면적 변환이 가능하게 됩니다. 그러나 일반적인 초승달 모양의 면적 변환 해법을 찾을 수 없었고, 나의 가설이 거짓임이 드러나고 말았습니다.

그렇지만 나의 초승달 문제의 풀이법은 그 시대에는 대단히 혁명적인 사고였답니다. 그때까진 다각형이 아닌 곡선 모양을 면적 변환시킨 예가 없었거든요. 초승달 문제를 통해 사람들은 원도 면적 변환이 가능할 수 있다는 희망을 가지게 되었고요. 다각형으로 면적 변환이 가능한 초승달 모양은 내가 찾아 낸 것이 세 가지, 세월이 흘러 1771년 오일러가 찾아낸 것이 두 가지, 역사적으로 총 다섯 가지밖에 없답니다.

이외에도 여러 가지 방법으로 원을 정사각형으로 면적 변환하는 풀이법을 찾으려고 시도했으나 헛수고가 되고 말았지요. 이렇게 죽고 나서 세월이 흘러 보니 그때 수학 상식으로는 해결하기 힘든 문제라는 것을 2000년이 지나서야 알게 되었습니다. 왜 원적 문제가 작도 불가능한지는 예전에 설명했기 때문에 더 이상 설명하지 않겠습니다.

"제가 고민하는 문제를 선생님께서도 예전에 고민하고 풀이법을 찾으려고 노력하셨다니 놀라워요. 역시 제가 선생님의 제자라 닮았나 봐요."

배운 것에 대해서 다시 고민해 보고 배운 것보다 한 단계 발전된 문제를 제시하고 이에 대한 풀이법을 찾으려고 노력하는 것은 바람직한 일입니다. 그러나 경우에 따라서는 자신이 제시한 문제가 쉽게 해결되지 않는 경우도 있습니다. 유명한 페르마의 마지막 정리가 그와 같은 경우이지요. 물론 페르마는 풀었다고 확신했지만 말입니다.

지금까지의 일곱 번의 작도 수업이 여러분에게는 새로운 문제에 접근하는 기회가 되었기를 바랍니다. 아직도 작도의 세계는 무궁무진하니까 여러분이 발견한 문제를 많은 사람이 함께 풀어 볼 날이 빨리 왔으면 좋겠네요. 그럼 안녕!

수업 정리

❶ 히포크라테스의 초승달 문제

다음 그림에서 두 초승달 모양의 넓이의 합은 삼각형 ABC의 넓이와 같습니다.

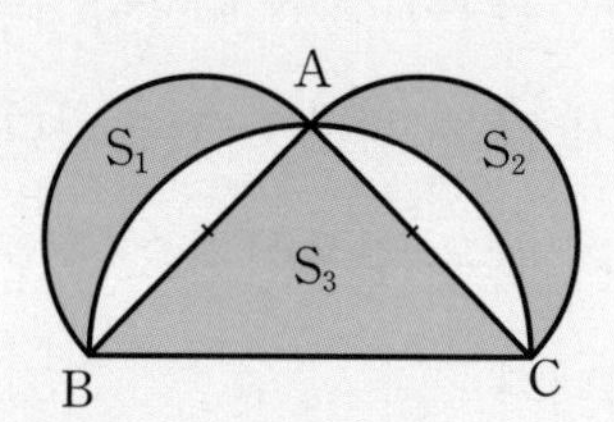

$S_1+S_2=S_3$

❷ 특수한 모양의 곡선 몇 개를 제외하고는 일반적인 곡선 모양의 면적은 사각형 모양으로 면적 변환이 불가능합니다.